全国高职高专测绘类核心课程规划教材

地形测量技术

主　编　马真安　吴文波
副主编　柳小燕　杨　蕾
主　审　李映红

WUHAN UNIVERSITY PRESS
武汉大学出版社

图书在版编目(CIP)数据

地形测量技术/马真安,吴文波主编;柳小燕,杨蕾副主编;李映红主审.
—武汉:武汉大学出版社,2011.11(2024.1 重印)
全国高职高专测绘类核心课程规划教材
ISBN 978-7-307-09236-5

Ⅰ.地…　Ⅱ.①马…　②吴…　③柳…　④杨…　⑤李…　Ⅲ.地形测量—高等职业教育—教材　Ⅳ.P217

中国版本图书馆 CIP 数据核字(2011)第 202128 号

责任编辑:胡　艳　　责任校对:黄添生　　版式设计:马　佳

出版发行:**武汉大学出版社**　(430072　武昌　珞珈山)
(电子邮箱:cbs22@ whu.edu.cn 网址:www.wdp.com.cn)
印刷:武汉邮科印务有限公司
开本:787×1092　1/16　印张:11　字数:264 千字　插页:1
版次:2011 年 11 月第 1 版　2024 年 1 月第 4 次印刷
ISBN 978-7-307-09236-5/P・188　定价:24.00 元

序

21世纪将测绘带入信息化测绘发展的新阶段。信息化测绘技术体系是在对地观测技术、计算机信息化技术和现代通信技术等现代技术支撑下的有关地理空间数据的采集、处理、管理、更新、共享和应用的技术集成。测绘科学正在向着近年来国内外兴起的新兴学科——地球空间信息学跨越和融合；测绘技术的革命性变化，使测绘组织的管理机构、生产部门及岗位设置和职责发生变化；测绘工作者提供地理空间位置及其附属信息的服务，测绘产品的表现形式伴随相关技术的发展，在保持传统的特性同时，直观可视等方面得到了巨大的进步；从向专业部门的服务逐渐扩大到面对社会公众的普遍服务，从而使社会测绘服务的需求得到激发并有了更加良好的满足。测绘科技的发展，社会需求、测绘管理及生产组织及过程的深刻变化，对测绘工作者，特别是对高端技能应用性职业人才，在知识和能力体系构建的要求方面也发生着相应的深刻发展和变化。

社会和科技的进步和发展，形成了对高端技能人才的大量需求，在这样的社会需求背景下，高等职业教育得到了蓬勃发展，在高等教育体系中占据了半壁江山。高等职业教育作为高等教育的必然组成部分，以系统化职业能力及其发展为目标，在高端技能应用性职业人才的培养的探索上迈出了刚劲有力的步伐，取得了可喜的佳绩，为全国高等教育的大众化做出了应有的贡献。

高职高专测绘类专业作为全国高职教育的一部分，在广大教师的共同努力下，以培养高端技能应用性人才为方向，不断推进改革和建设，在探究培养满足现时要求并能不断自我发展的测绘职业人才道路上，迈出了坚实的步伐；办学规模和专业点的分布也得到了长足发展。在人才培养过程中，结合测绘工程实际，加强测绘工程训练，突出过程，强化系统化测绘职业能力构建等方面取得了成果。伴随专业人才培养和教学的建设和改革，作为教学基础资源，教材的建设也得到了良好的推动，编写出了系列成套教材，并从有到精，注意不断将测绘科技和高职人才培养的新成果进教材，以推动进课堂，在人才培养中发挥作用。为了进一步推动高职高专测绘类专业的教学资源建设，武汉大学出版社积极支持测绘类专业教学建设和改革，组织了富有测绘教学经验的骨干教师，结合目前教育部高职高专测绘类专业教学指导委员会研制的“高职测绘类专业规范”对人才培养的要求及课程设置，编写了本套《全国高职高专测绘类核心课程规划教材》。

教材编写结合高职高专测绘类专业的人才培养目标，体现培养人才的类型和层次定位；在编写组织设计中，注意体现核心课程教材组合的整体性和系统性，贯穿以系统化知识为基础，构建较好满足现实要求的系统化职业能力及发展为目标；体现测绘学科和测绘技术的新发展、测绘管理与生产组织及相关岗位的新要求；体现职业性，突出系统工作过程，注意测绘项目工程和生产中与相关学科技术之间的交叉与融合；体现最新的教学思想和高职人才培养的特色，在传统的教材基础上，勇于创新，按照课程改革建设的教学要求，也探索按照项目教学及实训的教学组织，突出过程和能力培养，具有一定的创新意识。教材适合高职高专测绘类专业教学使用，也可提供给相关专业技术人员学习参考，必将在培养高端技能应用性测绘职业人才等方面发挥积极作用。

教育部高等学校高职高专测绘类专业教学指导委员会主任委员

赵文亮

二〇一一年八月十四日

前　　言

高等职业教育的目标是培养高等技术应用型专门人才，其特点是具有较强的应用性和技能性。高职教育的培养目标决定了其培养过程应更加贴近社会需要和企业生产、经营管理的实际，只有使教学与生产任务紧密结合，理论知识学习与实践能力训练紧密结合，教师所教课程与工作过程紧密结合，才能实现高职教育的人才培养目标。本教材正是基于这样一个理念而编写的。

地形测量是测绘类专业的一门专业基础课。该课程在各学校都是作为入门的专业课程开设的。通过该课程的教学，首先要使学生建立对测量学的整体概念，要求学生掌握基本的测绘学概念，为后续课程的教学打下基础；同时，要完成地形测量的理论和实践教学，使学生掌握测绘大比例尺地形图的技能以及大比例尺地形测量工程的作业流程和组织，由地形图的测绘及应用，引出控制测量、测量平差与数据处理、工程测量等专业主干课程。此外，在课程教学中，对学生进行测绘基本技能训练，也将对其测绘技能的构建起非常重要的基础作用。因此，地形测量课程教学工作的成功与否，对学生后续专业课程的学习影响极大。

本教材的编写依据本课程标准，充分体现任务引领、实践导向的课程设计思想。教材体现了先进性、通用性、实用性；采用了以项目或任务驱动的编写模式，打破了传统的教材编写模式，以能力培养为主线，更注重知识的实用性与应用性而非知识的系统性；重点突出了测量工作的测、算、绘的技能目标。本课程应达到的职业能力目标如下：

- 三大常用测量仪器(水准仪、经纬仪、全站仪)的熟练使用能力。
- 常用的测量数据处理与计算能力。
- 大比例尺地形图测绘及地形图应用能力。
- 良好的职业素质；良好的团队合作意识；具有吃苦耐劳精神、严谨的工作作风。

基于以上职业能力培养目标，全书划分为1个课程导入和4个工作项目，工作项目下共设计13项工作任务。

本书由辽宁交通高等专科学校马真安、吴文波担任主编，宁夏建设职业技术学院柳小燕、陕西交通职业技术学院杨蕾担任副主编，内蒙古建筑职业技术学院李映红对书稿进行了审定。全书由马真安统稿、定稿。

在本书的编写过程中，得到了兄弟院校老师的大力支持，在此，向这些同志表示衷心的感谢，由于编者水平有限，书中难免存在缺点和疏漏之处，恳请读者批评指正。

编　者

2011年8月

前言

目　录

课程导入

一、测量学的任务和作用

测量学是测绘科学的重要组成部分，是研究地球的形状和大小以及确定地球表面(含空中、地表、地下和海洋)物体的空间位置，并对这些空间位置信息进行处理、储存、管理的科学。

测量学的内容包括测绘和测设两个部分。测绘是指使用测量仪器和工具，通过测量和计算，得到一系列测量数据，或把地球表面的地形缩绘成地形图。测设是指把图纸上规划设计好的建筑物、构筑物的位置在地面上标定出来，作为施工的依据。

测绘科学是一门既古老而又在不断发展中的学科。按照研究范围和对象及采用技术的不同，可以分为以下多个学科：

大地测量学：研究测定地球的形状和大小及地球重力场的测量方法、分布情况及其应用的学科。

摄影测量学：研究利用航天、航空、地面摄影和遥感信息，进行测量的方法和理论的学科。

地形测量学：研究将地球表面局部地区的地貌、地物测绘成地形图和编制地籍图的基本理论和方法的学科。

地图制图学：利用测量、采集和计算所得的成果资料，研究各种地图的制图理论、原理、工艺技术和应用的学科。研究内容包括地图编制、地图投影学、地图整饰、印刷等。这门学科正在向制图自动化、电子地图制作及地理信息系统方向发展。

工程测量学：研究工程建设在勘测设计、施工过程和管理阶段所进行的各种测量工作的学科。主要内容包括工程控制网的建立、地形测绘、施工放样、设备安装测量、竣工测量、变形观测和维修养护测量等。工程测量学是一门应用科学。它是在数学、物理学等有关学科的基础上应用各种测量技术解决工程建设中实际测量问题的学科。随着激光技术、光电测距技术、工程摄影测量技术、快速高精度空间定位技术在工程测量中的应用，工程测量学的服务面越来越广，特别是现代大型工程的建设，大大促进了工程测量学的发展。

测量在公路工程建设中占有非常重要的地位，从公路与桥梁的勘测设计到施工放样、竣工检测，无不用到测绘技术。例如公路在建设之前，为了确定一条经济合理的路线，必须进行路线勘测，绘制带状地形图和纵、横断面图，并在图上进行路线设计，然后将设计路线的位置标定在地形图上，以便进行施工。当路线跨越河流时，必须建造桥梁。在建桥之前，应测绘桥址河流两岸的地形图，测量河床断面、水位、流速、流量和桥梁轴线的长度，以便设计桥台桥墩的位置，最后将设计位置测设到实地。当路线跨越高山时，为了降低路线的坡度、减少路线的长度，多采用隧道穿越高山。在隧道修建之前，应测绘隧址大比例尺地形图，测定隧道轴线、洞口、竖井等位置，为隧道设计提供必要的数据。在隧道施工过程中还需要不断地进行贯通测量，以保证隧道构造物的平面位置和高程正确贯通。

天时、地利、人和是打胜仗的三大要素。其中，要有地利，就要了解和利用地利。地图上详细标示着山脉、河流、道路、居民点等地形和地物，具有确定位置、辨识方向的作用。地图一直在军事活动中起着重要的作用，这对于行军、布防以及了解敌情等军事活动都是十分重要的。因此，地图早就成为军事上不可缺少的工具，获得广泛的应用。人造卫星定位技术早期用于军事部门，后逐步解密才在测绘及其他众多部门中获得应用；海洋测量技术首先是由航海的需要而产生，但其高速发展的动力主要来自军事部门的需要……至今军事测绘部门仍在测绘领域科技前沿对重大课题进行探索和研究，传统上各国测绘部门隶属于军事部门。至今相当多国家的测绘部门仍然隶属于军事部门。随着测绘技术在各方面的应用越来越广泛，测绘科技国际间的交流日益频繁，不少国家建立了民用的测绘机构。

测量学的起源和土地界线的划定紧密联系着。非洲尼罗湖每年泛滥，会把土地的界线冲刷掉，为了每年恢复土地的界线，很早就采用了测量技术(早期亦称“土地测量”、“土地清丈”等)，用以测定地块的边界和坐落，求算地块的面积。在农业为主的社会里，国家为了征税而开展地籍测量，同时记录业主姓名和土地用途等。在我国，地籍测量是国家管理土地的基础。地籍测量的成果不仅用于征税，还用于管理土地的权属以保障用地的秩序，以提高土地利用的效益，合理和节约地利用十分珍贵和有限的土地。

二、我国测绘技术及3S技术发展概况

中华人民共和国成立后，我国测绘事业有了很大的发展。建立和统一了全国坐标系统和高程系统；建立了遍及全国的大地控制网、国家水准网、基本重力网和卫星多普勒网；完成了国家大地网和水准网的整体平差；完成了国家基本图的测绘工作；完成了珠穆朗玛峰和南极长城站的地理位置和高程的测量；配合国民经济建设进行了大量的测绘工作，例如进行了南京长江大桥、葛洲坝水电站、宝山钢铁厂、北京正负电子对撞机等工程的精确放样和设备安装测量。出版发行了地图1600多种，发行量超过11亿册。在测绘仪器制造方面，从无到有，现在不仅能生产一系列的光学测量仪器，还成功研制各种测程的光电测距仪、卫星激光测距仪和解析测图仪等先进仪器。在测绘人才培养方面，已培养出各类测绘技术人员数万名，大大提高了我国测绘科技水平。特别是近年来，我国测绘科技发展更快，例如GPS全球定位系统已得到广泛应用，全国GPS大地网即将完成；在地理信息系统方面，我国第一套实用电子地图系统(全称为国务院国情地理信息系统)已在国务院常务会议室建成并投入使用。

1. GPS全球定位系统

全球定位系统(Global Position System)是美国国防部为满足其军事部门海、陆、空高精度导航、定位和定时的要求而建立的一种卫星定位和导航系统，它由24颗工作卫星组成，其中包括3颗可随时启动的备用卫星。工作卫星均匀分布在6个相对于赤道面倾角为55°的近似圆形轨道面内，每个轨道面上有4颗卫星，轨道之间的夹角为60°，轨道平均高度为20200km，卫星运行周期为11小时58分。同时在地平线以上的卫星数目随时间和地点而异，最少为4颗，最多达11颗。保证在地球任一点任一时刻均可收到4颗以上卫星的信息，实现实时定位。

我国 GPS 技术研究和应用可分为两个阶段。第一阶段是 20 世纪 80 年代，以测绘领域的应用为主，引进 GPS 技术和接收机，开发 GPS 测量数据处理软件，以静态定位为主，现在全国施测几千个各种精度的 GPS 点，其中包括国家 A、B 级网点。第二阶段是进入 20 世纪 90 年代，随着差分 GPS 技术的发展，GPS 定位从静态扩展到动态，从事后处理扩展到实时或准实时定位和导航。

2. 遥感技术

遥感(Remote Sensing)是指从远距离高空以信外层空间的各种平台上利用可见光、红外、微波等电磁波探测仪器，通过摄影和扫描、信息感应、传输和处理，从而研究地面物体的形状、大小、位置及其环境相互关系与变化的现代科学技术。

现代遥感技术具有以下特点：

①传感器不断更新。目前除了框幅式可见光黑白摄影、多谱摄影、彩色摄影、新红外摄影、紫外摄影仪器外，还有全景摄影机、红外扫描仪、红外辐射仪、多谱段扫描仪、成像光谱仪、合成孔径雷达和激光测高仪等。这些传感器用不同的方式，对电磁波不同的谱段所获得的对地观测数据，以硬拷贝的返回方式和软拷贝的传输方式提供原始的遥感数据。

②影像分辨率形成多级序列，可提供从粗到精的对地观测数据，全面体现在空间分辨率上。美国空间成像地球观测卫星公司的卫星影像分辨率可达到 1 米。多级分辨率的实现，使人们可以在粗分辨率的影像上快速发现可能发生变化的地区，进而在精分辨率的影像上详细分析研究这些变化情况。

③多时相特征，可以反复获得同一地区的影像数据。这种多时相性为人们提供了长期、系统、全面和动态研究地球表面变化规律的可能性、客观性和科学性。

我国遥感技术发展已从单纯的应用国外卫星资料到发射自主设计的遥感卫星，如气象研究的风云系列卫星；遥感图像处理技术也取得很大发展，如机载 224 波段成像光谱仪、全数字摄影测量系统等。

3. GIS 地理信息系统

地理信息系统(Geographic Information System)是以采集、存储、描述、检索、分析和应用与空间位置有关的相应属性信息的计算机系统，它是集计算机、地理、测绘、环境科学、空间技术、信息科学、管理科学、网络技术、现代通信技术、多媒体技术为一体的多学科综合而成的新兴学科。

GIS 有两个显著特征：一是，它不仅可以像传统的数据库管理系统那样管理数字和属性信息，而且可以管理空间图形信息；二是，它可以利用各种空间分析的方法，对多种不同的信息进行综合分析，寻求空间实体间的相互关系，分析处理在一定区域内分布的现象和过程。

目前，GIS 正向多功能、高精度、现势性强的方向发展。例如 TGIS(Temporal GIS)研究区域随时间的演变，来推测和预报“未来”，并作出科学的分析；3DGIS(三维 GIS)研究图像可视性，利用空间位置来探索空间影响。多媒体技术导入 GIS 中，使 GIS 的功能更强大，具有声音、动画等效果，可以模拟人类、动物的特征，更具有智能化。网络 GIS (WebGIS)也是当前研究领域中的一个热门话题，使 GIS 的媒介对象更丰富，从而与社会、人类生活密不可分。

我国的 GIS 的发展和应用较为迅速和广泛。在软件方面，MapGIS、Geostar、Citystar 等综合和专题 GIS 开发数不胜数。

三、地面点的坐标系统

我们知道，地面点是相对于地球定位的。如果选择一个能代表地球形状和大小且相对固定的理想曲面作为测量的基准面，就可以用地面点在基准面上的投影位置和高度来确定地面点空间位置。

1. 测量的基准面

实际测量工作是在地球的自然表面上进行的，而地球自然表面是很不规则的，有陆地、海洋、高山和平原。人们通过长期的测绘工作和科学调查了解到，地球表面上海洋面积约占71%，陆地面积占29%。人们把地球总的形状看成被海水包围的球体，也就是设想有一个自由平静的海水面，向陆地延伸而形成一个封闭的曲面，我们把这个自由平静的海水面称为水准面。水准面是一个处处与重力方向垂直的连续曲面，如图0-1(a)所示。

水准面在小范围内近似一个平面，而完整的水准面是被海水包围的封闭曲面。因为符合上述水准面特性的水准面有无数个，其中最接近地球形状和大小的是通过平均海水面的那个水准面，这个唯一而确定的水准面叫做大地水准面，大地水准面就是测量的基准面，如图0-1(b)所示。

由于地球内部质量分布不均匀，导致地面上各点的重力方向(即铅垂线方向)产生不规则的变化，因而大地水准面实际上是一个有微小起伏的不规则曲面。如果将地面上的图形投影到这个不规则的曲面上，将无法进行测量计算和绘图，为此，必须用一个和大地水准面的形状非常接近的可用数学公式表达的几何形体来代替大地水准面。在测量上，选用椭圆绕其短轴旋转而成的参考旋转椭球体面作为测量计算的基准面，如图0-1(c)所示。

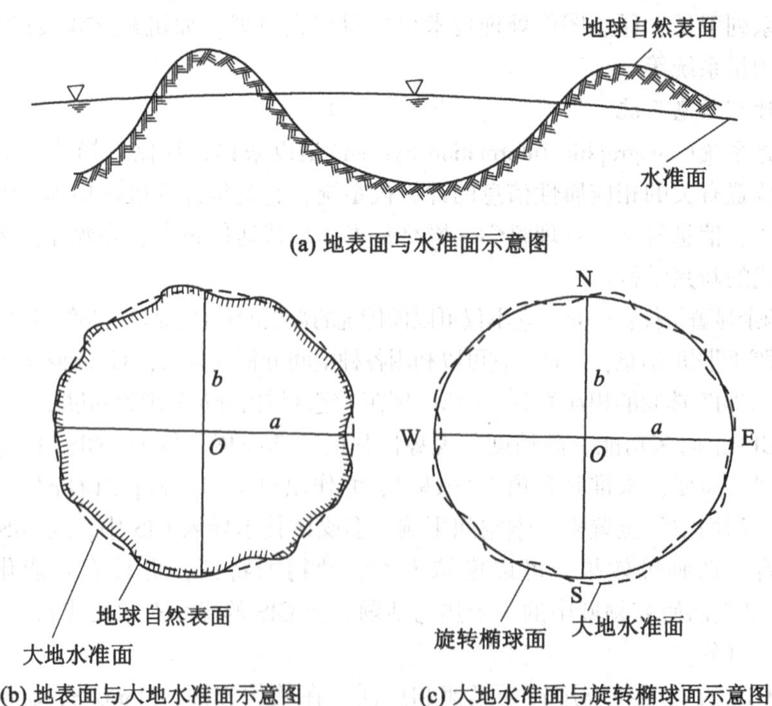

图0-1 “三面”图

目前我国所采用的参考椭球体是“1980年国家大地坐标系”，其参考椭球体元素为：

长半轴 $a=6378140\text{m}$

短半轴 $b=6356755.3\text{m}$

$$\text{扁率} \quad a=\frac{a-b}{a}=\frac{1}{298.257} \tag{0-1}$$

通常把地球椭球体当做圆球看待，取其半径为6371km。

2. 地面点的坐标系统

地面点在投影面上的坐标，根据具体情况，可选用下列三种坐标系统中的一种来表示：

(1)大地坐标系

在大地坐标系中，地面点在旋转椭球面上的投影位置用大地经度 L 和大地纬度 B 来表示。如图0-2所示。NS为椭球的旋转轴，N表示北极，S表示南极，O 为椭球中心。

通过椭球中心与椭球旋转轴正交的平面称为赤道平面。赤道平面与地球表面的交线称为赤道。

通过椭球旋转轴的平面称为子午面。其中，通过英国伦敦格林尼治天文台的子午面称为起始子午面。子午面与椭球面的交线称为子午线。

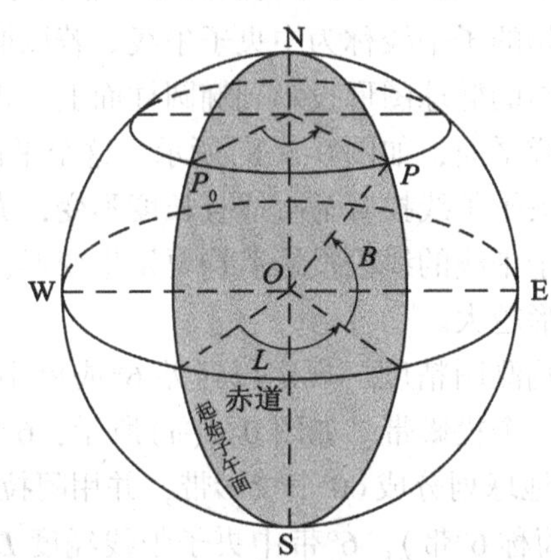

图0-2 旋转椭球体

图0-2中 P 点的大地经度就是通过该点的子午面与起始子午面的夹角，用 L 表示，从起始子午面算起，向东自0°~180°称为东经；向西自0°~180°称为西经。

P 点的大地纬度就是该点的法线(与椭球面垂直的线)与赤道面的交角，用B表示。从赤道面起算，向北自0°~90°称为北纬；向南自0°~90°称为南纬。

大地经度 L 和大地纬度B统称为大地坐标。地面点的大地坐标是根据大地测量数据由大地原点(大地坐标原点)推算而得的。我国“1980年国家大地坐标系”的大地原点位于陕西省泾阳县永乐镇境内，在西安市以北约40km处。以前使用的“1954年北京坐标系”是中华人民共和国成立初期从苏联引测过来的。

(2)高斯平面直角坐标系

高斯投影是地球椭球体面正形投影于平面的一种数学转换过程。为说明简单起见，可以用图 0-3 的投影过程来解说这种投影规律。

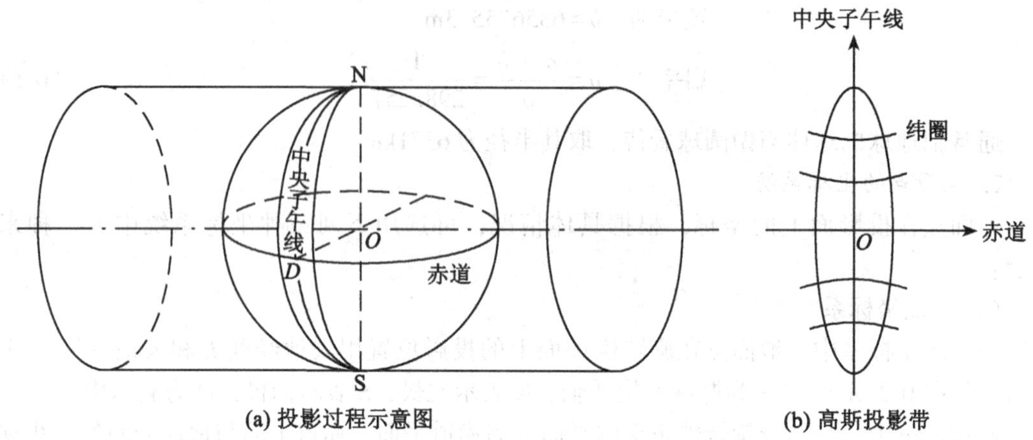

(a) 投影过程示意图 (b) 高斯投影带

图 0-3 高斯投影

如图 0-3(a)所示，设想将截面为椭圆的一个椭圆柱横套在地球椭球体外面，并与椭球体面上某一条子午线(如 NDS)相切，同时使椭圆柱的轴位于赤道面内并通过椭球体中心。椭圆柱面与椭球体面相切的子午线称为中央子午线。若以椭球中心为投影中心，将中央子午线两侧一定经差范围内的椭球图形投影到椭圆柱面上，再顺着过南、北极点的椭圆柱母线将椭圆柱面剪开，展成平面，如图 0-3(b)所示，这个平面就是高斯投影平面。

在高斯投影平面上，中央子午线投影为直线且长度不变，赤道投影后为一条与中央子午线正交的直线，离开中央子午线的线段投影后均要发生变形，且均较投影前长一些。离开中央子午线越远，长度变形越大。

为了使投影误差不致影响测图精度，规定以经差 6°或更小的经差为准来限定高斯投影的范围，每一投影范围叫一个投影带。如图 0-4(a)所示，6°带是从 0°子午线算起，以经度每隔 6°为一带，将整个地球划分成 60 个投影带，并用阿拉伯数字 1，2，…，60 顺次编号，叫做高斯 6°投影带(简称 6°带)。6°带中央子午线经度 L_0 与投影带号 N_e 之间的关系式为

$$L_0 = N_e \times 6° - 3° \tag{0-2}$$

例：某城市中心的经度为 116°24′，求其所在高斯投影 6°带的中央子午线经度 L_0 和投影带号 N_e。

解：据题意，其高斯投影 6°带的带号为

$$N_e = \mathrm{INT}\left(\frac{116°24'}{6} + 1\right) = 20 \quad (\text{INT 为取整数})$$

中央子午线经度为

$$L_0 = 20 \times 6° - 3° = 117°$$

对于大比例尺测图，则需采用 3°带或 1. 5°带来限制投影误差。3°带与 6°带的关系如图 0-4(b)所示。3°带是以东经 1°30′开始，第一带的中央子午线是东经 3°。

采用分带投影后，由于每一投影带的中央子午线和赤道的投影为两正交直线，故可取

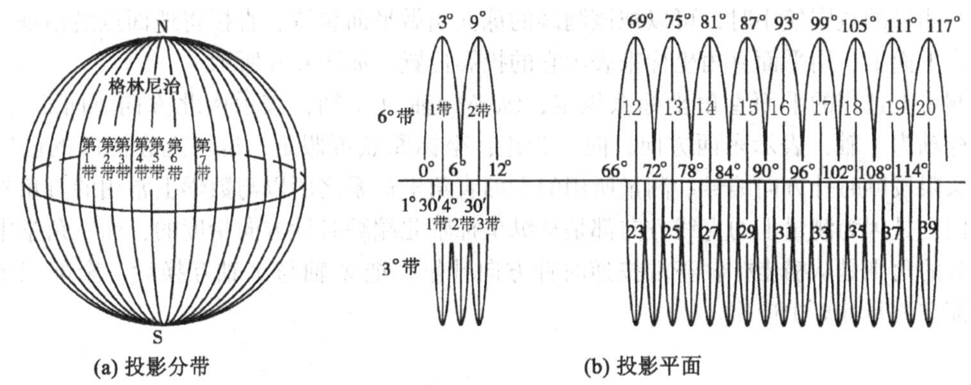

(a) 投影分带　　(b) 投影平面

图 0-4　高斯投影平面

两正交直线的交点为坐标原点。中央子午线的投影线为坐标纵轴 X 轴，向北为正；赤道投影线为坐标横轴 Y 轴，向东为正，这就是全国统一的高斯平面直角坐标系。

我国位于北半球，纵坐标均为正值，横坐标则有正有负，如图 0-5（a）所示，$Y_a=+148680.\ m$，$Y_b=-134240.69m$。为了避免横坐标出现负值和标明坐标系所处的带号，规定将坐标系中所有点的横坐标值加上 500km（相当于各带的坐标原点向西平移 500km），并在横坐标前冠以带号。如图 0-5（b）中所标注的横坐标为：$Y_a=20648680.54m$，$Y_b=20365759.31m$。这就是高斯平面直角坐标的通用值，最前两位数 20 表示带号，不加 500km 和带号的横坐标值称为自然值。

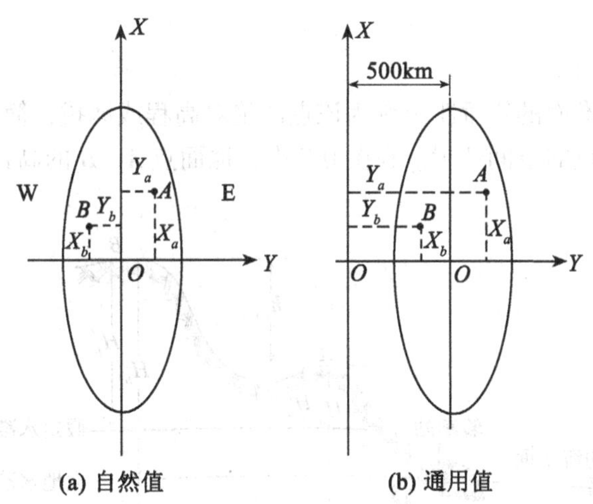

(a) 自然值　　(b) 通用值

图 0-5　高斯平面直角坐标

高斯平面直角坐标系的应用大大简化了测量计算工作，它把在椭球体面上的观测元素全部改化到高斯平面上进行计算，这比在椭球体面上解算球面图形要简单得多。在公路工程测量中也经常应用高斯平面直角坐标，如高速公路的勘测设计和施工测量就是在高斯平面直角坐标系中进行的。

（3）平面直角坐标系

当测量的范围较小时，可以把该测区的球面当做平面看待，直接将地面点沿铅垂线投影到水平面上，用平面直角坐标来表示它的投影位置，如图0-6所示。

测量上选用的平面直角坐标系规定，纵坐标轴为X轴，表示南北方向，向北为正；横坐标轴为Y轴，表示东西方向，向东为正；坐标原点可假定，也可选在测区的已知点上；象限按顺时针方向编号。测量所用的平面直角坐标系之所以与数学上常用的直角坐标系不同，是因为测量上的直线方向都是从纵坐标轴北端顺时针方向量度的，而三角学中三角函数的角则是从横坐标轴正端按逆时针方向计量，把X轴与Y轴互换后，全部三角公式都能在测量计算中应用。

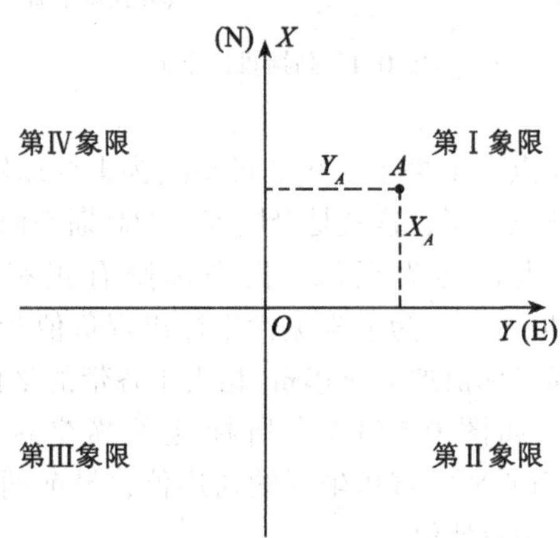

图0-6　测量中的平面直角坐标系

3. 地面点的高程系统

地面点到大地水准面的铅垂距离称为该点的绝对高程或海拔，简称高程。它与地面点的坐标共同确定地面点的空间位置。在图0-7中，地面点A、B的高程分别为H_a、H_b。

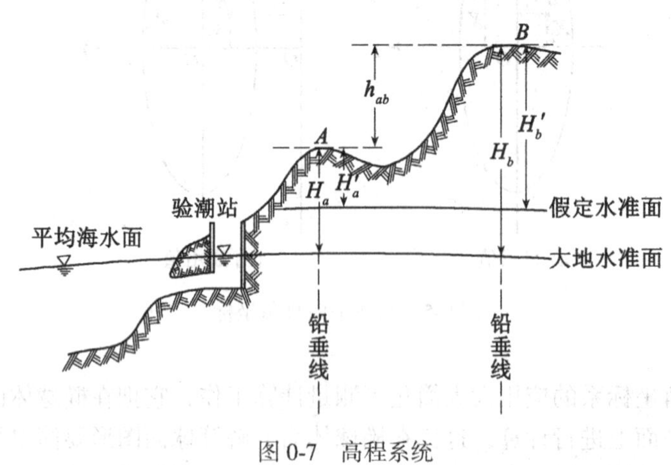

图0-7　高程系统

国家高程系统的建立通常是在海边设立验潮站，经过长期观测推算出平均海水面的高度，并以此为基准，在陆地上设立稳定的国家水准原点。我国曾采用青岛验潮站 1950—1956 年观测资料推算黄海平均海水面作为高程基准面，称为“1956 年黄海高程系”，并在青岛观象山的一个山洞里建立了国家水准原点，其高程为 72.289m。由于验潮资料不足等原因，我国自 1987 年启用“1985 年国家高程基准”，它是采用青岛大港验潮站 1952—1979 年的潮汐观测资料计算的平均海水面，依此推算的国家水准原点高程为 72.260m。

当在局部地区进行高程测量时，也可以假定一个水准面作为高程起算面。地面点到假定水准面的铅垂距离称为假定高程或相对高程。在图 0-7 中，A、B 两点的相对高程为$Ha'Hb'$。

地面上两点高程之差称为这两点的高差，图 0-7 中 A、B 两点间的高差为

$$h_{ab}=H_b-H_a=H'_b-H'_a \tag{0-3}$$

四、用水平面代替水准面的范围

水准面是一个曲面，曲面上的图形投影到平面上，总会产生一定的变形。实际上，如果把一小块水准面当做平面看待，其产生的变形不超过测量和制图误差的容许范围时，即可在局部范围内用水平面代替水准面，使测量和绘图工作大大简化。以下讨论以水平面代替水准面对距离和高程测量的影响，以便明确可以代替的范围或必要时加以改正。

1. 以水平面代替水准面对距离的影响

如图 0-8 所示，A、B、C 是地面点，它们在大地水准面上的投影点是 a、b、c，用该区域中心点的切平面代替大地水准面后，地面点在水平面上的投影点是 a'、b'和 c'。设 A、B 两点在大地水准面上的距离为 D，在水平面上的距离为 D'，两者之差 ΔD 即是用水平面代替水准面所引起的距离差异。将大地水准面近似地视为半径为 R 的球面，则有

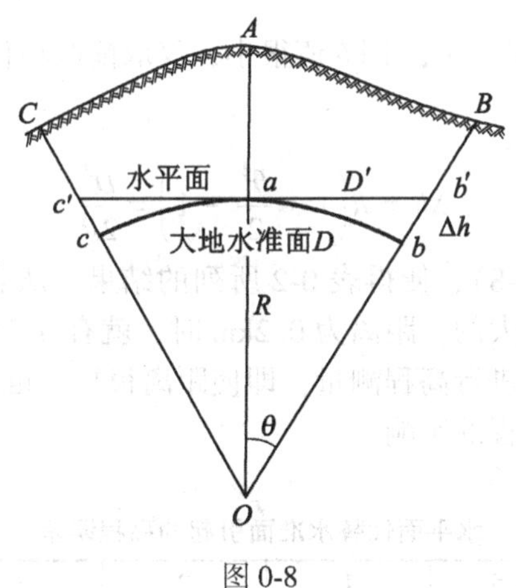

图 0-8

$$\Delta D = D' - D = R(\tan\theta - \theta) \tag{0-4}$$

已知 $\tan\theta = \theta + \frac{1}{3}\theta^3 + \frac{2}{15}\theta^5 + \cdots$，因 θ 角很小，只取前两项代入式(0-4)，得

$$\Delta D = R\left(\theta + \frac{1}{3}\theta^3 - \theta\right)$$

因
$$\theta = \frac{D}{R}$$

故
$$\Delta D = \frac{D^3}{3R^2} \tag{0-5}$$

$$\frac{\Delta D}{D} = \frac{D^2}{3R^2} \tag{0-6}$$

式中，$\frac{\Delta D}{D}$称为相对误差，用$\frac{1}{M}$形式表示，M越大，精度越高。

取地球半径$R=6371\text{km}$，以不同的距离D代入式(0-5)和式(0-6)，得到表0-1。从表中的结果可以看出，当$D=10\text{km}$时，所产生的相对误差为1/1220000，在测量工作中，通常要求距离丈量的相对误差最高为1/1000000，一般丈量仅要求1/2000～1/4000。因此，在10km为半径的圆面积之内进行距离测量时，可以把水准面当做水平面看待，而不需考虑地球曲率对距离的影响。

表0-1 **水平面代替水准面引起的距离误差**

D(km)	10	20	30	40
ΔD(cm)	0.8	6.6	102.6	821.2
$\Delta D/D$	1/1220000	1/300000	1/49000	1/12000

2. 以水平面代替水准面对高程的影响

如图0-8所示，地面点B的高程应是铅垂距离bB，用水平面代替水准面后，B点的高程为$b'B$，两者之差Δh即为对高程的影响，由图得

$$\Delta h = bB - b'B = Ob' - Ob = R\sec\theta - R = R(\sec\theta - 1) \tag{0-7}$$

已知$\sec\theta = 1 + \frac{\theta^2}{2} + \frac{5}{24}\theta^4 + \cdots$，因$\theta$值很小，仅取前两项代入式(0−7)，另外$\theta = \frac{D}{R}$，故有

$$\Delta h = R\left(1 + \frac{\theta^2}{2} - 1\right) = \frac{D^2}{2R} \tag{0-8}$$

用不同的距离代入式(0-8)，便得表0-2所列的结果。从表中可以看出，用水平面代替水准面对高程的影响是很大的，距离为0.2km时，就有0.31cm的高程误差，这在高程测量中是不允许的。因此，进行高程测量，即使距离很短，也应用水准面作为测量的基准面，即应顾及地球曲率对高程的影响。

表0-2 **水平面代替水准面引起的高程误差**

D(km)	0.2	0.5	1	2	3	4	5
Δh(cm)	0.31	2	8	31	71	125	196

五、测量工作概述

1. 测量的基本工作

根据前面所述，测量工作的基本内容是确定地面点的位置，它有两方面的含义，一方

面是将地面点的实际位置用坐标和高程表示出来；另一方面是根据点位的设计坐标和高程将其在实地上的位置标定出来。要完成上述任务，必须用测量仪器，通过一定的观测方法和手段测出已知点与未知点之间所构成的几何元素，才能由已知点导出未知点的位置。

点与点之间构成的几何元素有：距离、角度和高差，这三个基本元素称为测量定位三要素。如图 0-9 所示，a、b、c 为地面点在水平面上的投影位置，确定这些点位置不是直接在地面上测定它们的坐标高程，而是首先测定相邻点间的几何元素，即距离 D_1、D_2、D_3，水平角 β_1、β_2、β_3 和高差 h_{Fa}、h_{ab}、h_{bc}。再根据已知点 E、F 的坐标及高程来推算 a、b、c 各点的坐标和高程。由此可见，距离、角度、高差是确定地面点位置的三个基本元素，而距离测量、角度测量、高差测量是测量的基本工作。这部分内容在本书中将占有重要的篇幅。

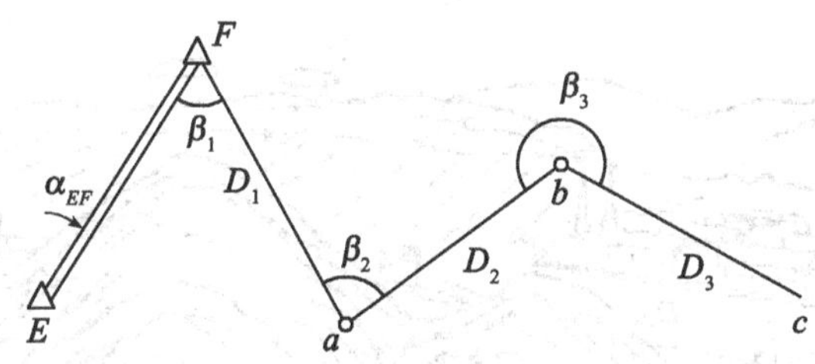

图 0-9　测量“三要素”示意图

2. 测量工作的原则和方法

在进行某项测量工作时，往往需要确定许多地面点的位置。假如从一个已知点出发，逐点进行测量和推导，最后虽可得到欲测各点的位置，但这些点很可能是不正确的，因为前一点的测量误差将会传递到下一点。这样积累起来，最后可能达到不可允许的程度。因此，测量工作必须依照一定的原则和方法来防止测量误差的积累。

在实际测量工作中应遵循的原则是：在测量布局上要“从整体到局部”；在测量精度上要“由高级到低级”；在测量程序上要“先控制后碎部”，也就是在测区整体范围内选择一些有“控制”意义的点，首先把它们的坐标和高程精确地测定出来，然后以这些点作为已知点来确定其他地面点的位置。这些有控制意义的点组成了测区的测量骨干，称为控制点。

采用上述原则和方法进行测量，可以有效地控制误差的传递和积累，使整个测区的精度较为均匀和统一。

3. 控制测量的概念

为了测定控制点的坐标和高程所进行的测量工作称为控制测量，包括平面控制测量和高程控制测量。

控制测量是整个测量过程中的重要环节，它起着控制全局的作用。对于任何一项测量任务，必须先进行整体性的控制测量，然后以控制点为基础进行局部的碎部测量。例如大桥的施工测量，首先建立施工控制网，进行符合精度要求的控制测量，然后在控制点上安置仪器进行桥梁细部构造的放样。

在国家广大的区域内，测绘部门已布设了高精度的国家平面控制网和国家高程控制网。国家基本的平面和高程控制按照精度的不同，分为一、二、三、四等，由高级到低级逐级布设。

由于国家基本的平面和高程控制点的密度(如四等平面控制点的平均间距为4km)远不能满足地形测图和工程建设的需要，因此，在国家基本控制点的基础上还须进行小区域的平面和高程控制测量。本书在后续章节中将详细讲述小区域控制测量(即平面控制测量——导线测量；高程控制测量——水准测量)的布网形式和测量与计算方法。

4. 测量工作的程序和原则

地球表面的外形是复杂多样的，在测量工作中将其分为地物和地貌两大类。地面上的物体如河流、道路、房屋等称为地物；地面高低起伏的形态称为地貌。地物和地貌统称为地形。

地形图由为数众多的地形特征点所组成。如何测量这些点呢？一般是先精确地测量出少数点的位置，如图0-10中的点1，2，3，…，这些点在测区中构成一个骨架，起着控制

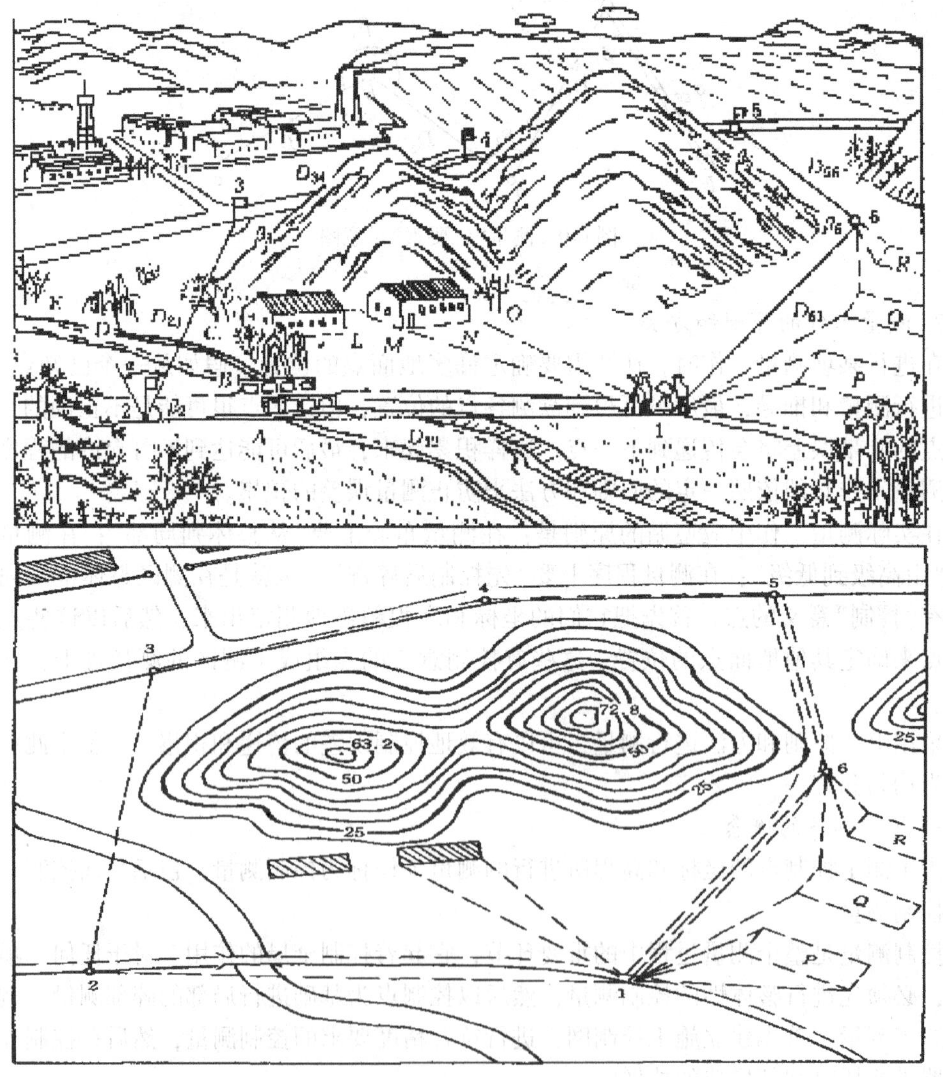

图0-10 地形和地形图

的作用，可以将它们称为控制点，测量控制点的工作称为控制测量。然后以控制点为基础，测量它周围的地形，也就是测量每一控制点周围各地形特征点的位置，这一工作称为碎部测量。利用各控制点已测定的位置关系，将它们投影到水平面上就能把各个局部测得的地形连成一个整体，得到完整的地形图。

知识检验

一、名词解释

1. 水准面
2. 大地水准面
3. 高斯平面直角坐标系
4. 绝对高程
5. 相对高程
6. 水平面
7. 参考椭球

二、填空题

1. 测量工作中的铅垂线与____________面垂直。

2. 水准面上的任意一点都与____________垂直。

3. 地球陆地表面上一点 A 的高程是 A 至平均海水面在____________方向的距离。

4. 珠穆朗玛峰的高程是 8848.48m，此值是指该峰至____________处的____________距离。

5. 测量工作中采用的平面直角坐标与数学中的平面直角坐标不同之处是____________。

6. 确定地面上的一个点的位置常用三个坐标值，它们是________、________、________。

7. 实际测量工作中依据的基准面是____________面。

8. 实际测量工作中依据的基准线是____________线。

9. 局部地区的测量工作有时用任意直角坐标系，此时 X 坐标轴的正向常取____________方向。

10. 普通测量工作有三个基本测量要素，它们是________、________、________。

三、选择题

1. 任意高度的平静水面____________(都不是，都是，有的是)水准面。

2. 不论处于何种位置的静止液体表面____________(并不都是，都称为)水准面。

3. 地球曲率对____________(距离，高程，水平角)的测量值影响最大。

4. 在小范围内的一个平静湖面上有 A、B 两点，则 B 点相对于 A 点的高差____________(>0，<0，$=0$，$\neq 0$)。

5. 大地水准面____________(也称为，不同于)参考椭球面。

6. 平均海水面____________(是，不是)参考椭球面。

四、简答与计算

1. 测量工作的基本原则是什么？

2. 何谓高程？何谓高差？若已知 A 点的高程为 498.521m，又测得 A 点到 B 点的高差为-16.517m，试问：B 点的高程为多少？

3. 已知某点所在高斯平面直角坐标系中的坐标为：$X=4345000$m，$Y=19483000$m。试问：该点位于高斯6°分带投影的第几带？该带中央子午线的经度是多少？该点位于中央子午线的东侧还是西侧？

项目1 水准点的高程测量

☞ 项目导入

1993年12月31日，《人民日报》赫然刊出一则惊人消息，说的是沈阳郊区30km处发现了一个怪坡。车辆上坡省力，下坡费力。上坡能自动滑行到坡顶，下坡反而需要克服大于平地的阻力。言之凿凿，煞有介事，图文并茂，引起社会各界的热烈讨论。你想揭开怪坡的秘密吗？你想知道地面上各水准点的高程是如何得到的吗？那就请你认真学习水准测量的有关知识。

☞ 知识与技能目标

- 明确水准测量的原理，会正确操作DS_3和DZS_3水准仪；
- 掌握水准仪各轴系间几何关系并具备检验水准仪的能力；
- 掌握等外和四等水准测量技术要求；
- 能够按等外和四等水准测量标准布设一条水准路线并实测高差，求出各水准点高程。

工作任务1 用水准仪完成等外水准测量

要想完成此项任务，必须学习以下知识和技能：

一、水准仪及相关工具的使用

水准测量的基本原理是：在图1-1中，已知A点的高程为H_A，只要能测出A点至B点的高程之差h_{AB}(简称高差)，则B点的高程H_B就可用下式计算求得：

$$H_B=H_A+h_{AB} \tag{1-1}$$

用水准测量方法测定高差h_{AB}的原理如图1-1所示，在A、B两点上竖立水准尺，并在A、B两点之间安置一架可以得到水平视线的仪器，即水准仪，设水准仪的水平视线截在尺上的位置分别为M、N，过A点作一水平线与过B点的竖线相交于C点。因为BC的高度就是A、B两点之间的高差h_{AB}，所以由矩形$MACN$就可以得到h_{AB}的计算式：

$$h_{AB}=a-b \tag{1-2}$$

测量时，a、b的值是用水准仪瞄准水准尺时直接读取的读数值。A点为已知高程的点，通常称为后视点，其读数a为后视读数，而B点称为前视点，其读数b为前视读数，即

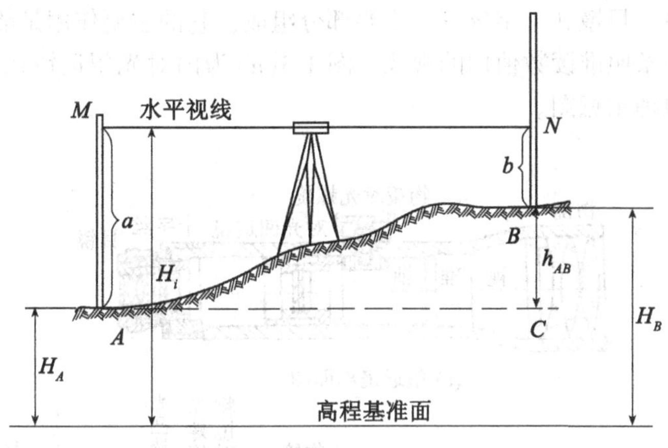

图 1-1

$$h_{AB}=\text{后视读数}-\text{前视读数}$$

实际上，高差 h_{AB} 有正有负。由式(1-2)知，当 $a>b$ 时，h_{AB} 值为正，即 B 点高于 A 点，地形为上坡；当 $a<b$ 时，h_{AB} 值为负，即 B 点低于 A 点，地形为下坡。但无论 h_{AB} 值为正或负，式(1-2)始终成立。为了避免计算中发生正负符号上的错觉，在书写高差 h_{AB} 时，必须注意 h 的脚标，脚标前面的字母代表了已知后视点的点号，也就是说 h_{AB} 是表示由已知高程的后视点 A 推算至未知高程的前视点 B 的高差。

1. 微倾式水准仪的构造

如图 1-2 所示，微倾式水准仪主要由望远镜、水准器和基座组成。水准仪的望远镜能绕仪器竖轴在水平方向转动，为了能精确地提供水平视线，在仪器构造上安置了一个能使望远镜上下作微小运动的微倾螺旋，所以称微倾式水准仪。

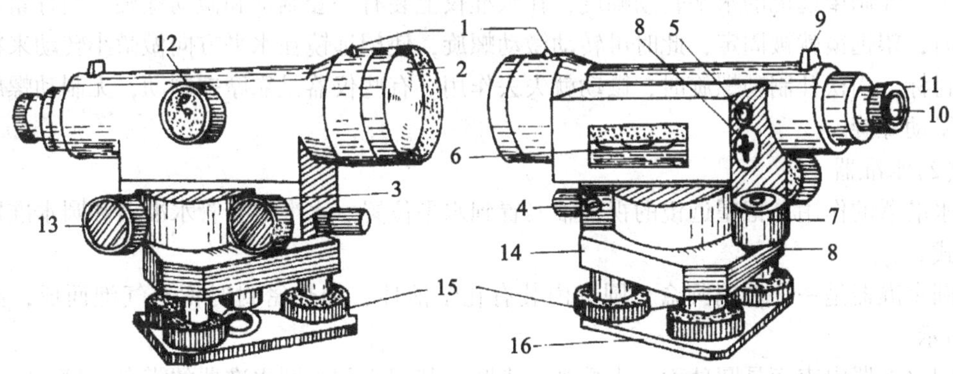

1—准星；2—物镜；3—微动螺旋；4—制动螺旋；5—符合水准器观测镜；6—水准管；7—圆水准器；8—校正螺丝；9—照门；10—目镜；11—目镜对光螺旋；12—物镜对光螺旋；13—微倾螺旋；14—基座；15—脚螺旋；16—连接板

图 1-2　微倾式水准仪的构造图

(1)望远镜

望远镜由物镜、目镜和十字丝三个主要部分组成，它的主要作用是能使我们看清远处的目标，并提供一条照准读数值用的视线。图 1-3(a)为内对光望远镜构造图，图 1-3(b)是望远镜的成像原理示意图。

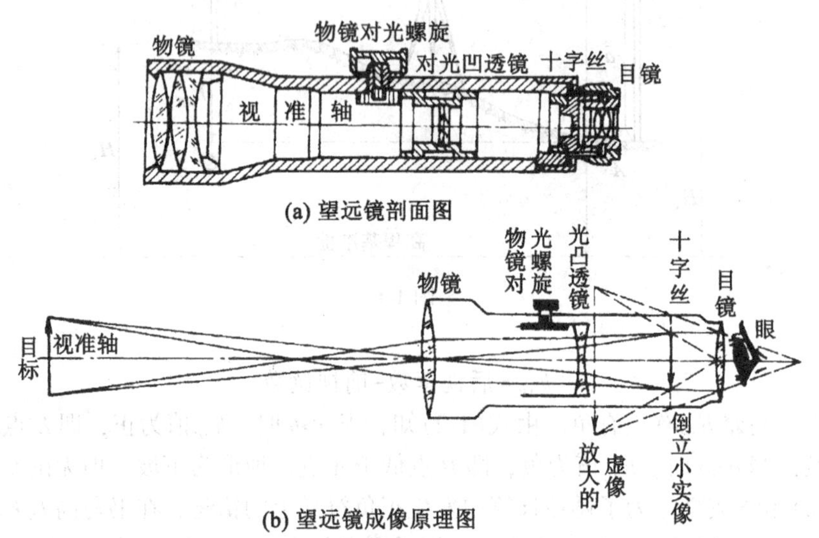

(a) 望远镜剖面图

(b) 望远镜成像原理图

图 1-3 望远镜剖面图及成像示意图

十字丝是在玻璃片上刻线后，装在十字丝环上，用三个或四个可转动的螺旋固定在望远镜筒上，如图 1-4 所示。十字丝的上下两条短线称为视距丝，上面的短线称上丝，下面的短线称下丝。由上丝和下丝在标尺上的读数可求得仪器到标尺间的距离。十字丝的交点与物镜光心的连线称为视准轴。

为了控制望远镜的水平转动幅度，在水准仪上装有一套制动和微动螺旋。当拧紧制动螺旋时，望远镜就被固定，此时可转动微动螺旋，使望远镜在水平方向做微小转动来精确照准目标，当松开制动螺旋时，微动就失去作用。有些仪器是靠摩擦制动，无制动螺旋而只有微动螺旋。

(2)水准器

水准器的作用是把望远镜的视准轴安置到水平位置。水准器有管水准器和圆水准器两种形式。

圆水准器是一个玻璃圆盒，圆盒内装有化学液体，加热密封时留有气泡而成，如图 1-5 所示。

圆水准器内表面是圆球面，中央画一小圆，其圆心称为圆水准器的零点，过此零点的法线称为圆水准器轴。当气泡中心与零点重合时，即为气泡居中，此时圆水准轴线位于铅垂位置。也就是说，水准仪竖轴处于铅垂位置，仪器达到基本水平状态。

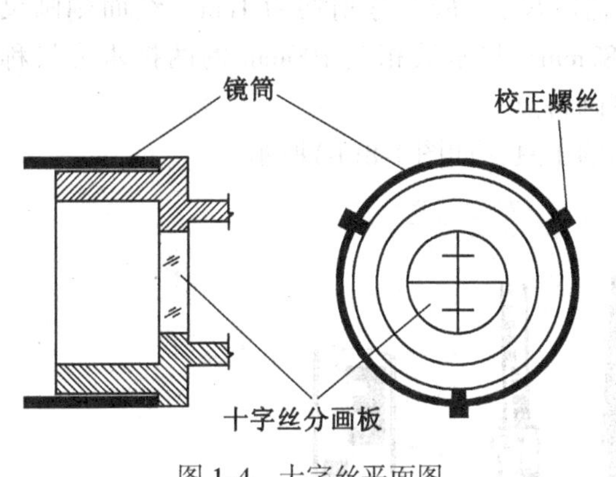

图1-4　十字丝平面图

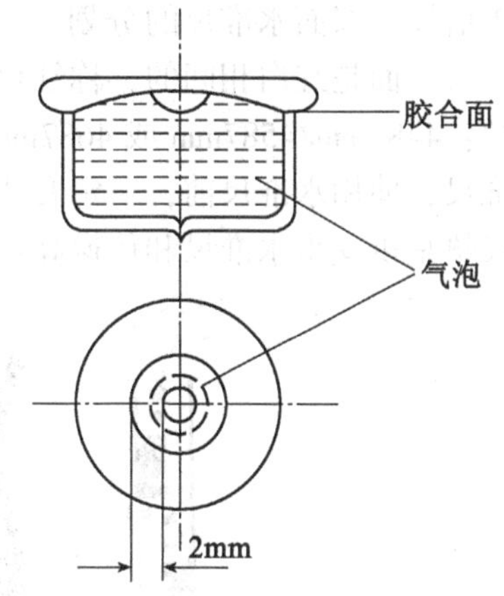

图1-5　圆水准器示意图

管水准器简称水准管，它是把玻璃管纵向内壁磨成曲率半径很大的圆弧面，管壁上有刻画线，管内装有酒精与乙醚的混合液，加热密封时留有气泡而成，如图1-6所示。

水准管内壁圆弧中心为水准管零点，过零点与内壁圆弧相切的直线称为水准管轴。当气泡两端与零点对称时，称为气泡居中，这时的水准管轴处于水平位置，也就是水准仪的视准轴处于水平位置。

符合式水准器是提高管水准器置平精度的一种装置。在水准管上方装有一组符合棱镜组，如图1-7(a)所示。气泡两端的半影像经过折反射之后，反映在望远镜旁的观测窗内，其视场如图1-7(b)所示。如果两端半影像重合，就表示水准管气泡已居中，如图1-7(c)所示，否则就表示气泡没有居中。

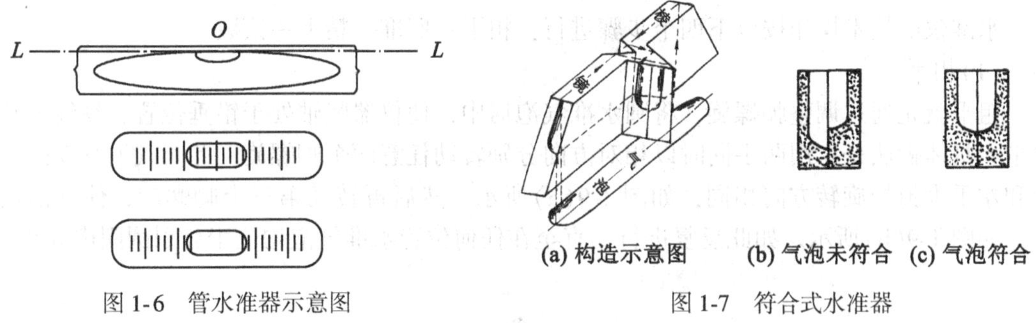

图1-6　管水准器示意图

图1-7　符合式水准器

由于符合式水准器通过符合棱镜组的折光反射把气泡偏移零点的距离放大一倍，因此较小的偏移也能充分反映出来，从而提高了置平精度。

(3)基座

基座主要由轴座、脚螺旋和连接板组成。仪器上部通过竖轴插入座内，由基座承托整个仪器，仪器用连接螺旋与三脚架连接。

2. 水准尺

水准尺是与水准仪配合进行水准测量的工具。水准尺分为直尺、折尺和塔尺，如图1-8(a)所示。塔尺的最小分划有5mm和1cm两种，按材质分为木制塔尺、铝合金塔尺、玻璃钢塔尺。双面水准尺的分划，一面是黑白相间的，称黑色面(主尺)，黑面分划尺底为零；另一面是红白相间的，称红色面(辅助尺)，最小分划均为1cm，红面刻画尺底为一常数：4487mm/4587mm或4687mm/4787mm。尺常数相差100mm的两把水准尺称为一对水准尺，使用水准尺前，一定要认清刻画特点。

尺垫是供支承水准尺和传递高程所用的工具，如图1-8(b)所示。

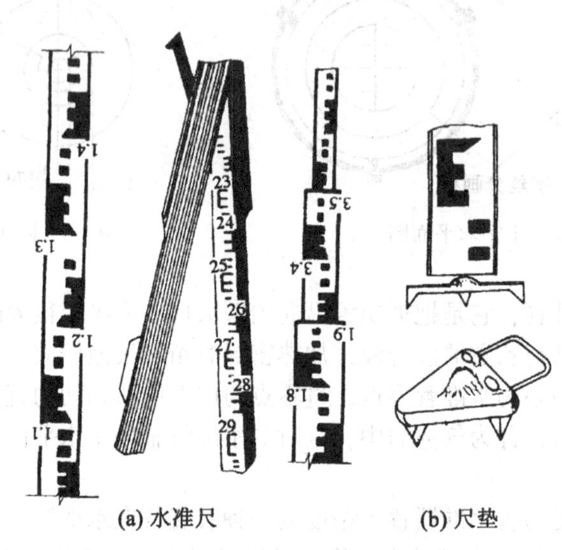

图1-8　水准尺及尺垫

3. 微倾式水准仪的技术操作

在水准仪的使用过程中，应首先打开三脚架，使架头大致水平，高度适中，踏实脚架尖后，将水准仪安放在架头上，并拧紧中心螺旋。

水准仪的技术操作按以下四个步骤进行：粗平—照准—精平—读数。

(1)粗平

粗平就是通过调整脚螺旋，将圆水准气泡居中，使仪器竖轴处于铅垂位置，视线大致水平。具体做法是：用两手同时以相对方向分别转动任意两个脚螺旋，此时气泡移动的方向和左手大拇指旋转方向相同，如图1-9(a)所示。然后再转动第三个脚螺旋，使气泡居中，如图1-9(b)所示。如此反复进行，直至在任何位置水准气泡均位于分划圆圈内为止。

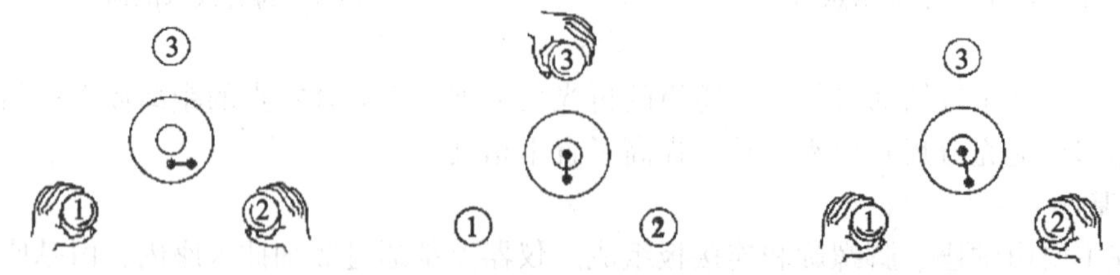

图1-9　圆水准器气泡居中操作示意图

在操作熟练后，不必将气泡的移动分解为两步，可视气泡的具体位置而转动任两个脚螺旋直接使气泡居中，如图 1-9(c)所示。

(2)照准

照准就是用望远镜照准水准尺，清晰地看到目标和十字丝。具体做法是：首先转动目镜对光螺旋，使十字丝清晰；然后利用照门和准星瞄准水准尺，瞄准后要旋紧制动螺旋，转动物镜对光螺旋，使尺像清晰；再转动微动螺旋，使十字丝的竖丝照准尺面中央。在上述操作过程中，由于目镜、物镜对光不精细，目标影像平面与十字丝平面未重合好，当眼睛靠近目镜上下微微晃动时，物像随着眼睛的晃动也上下移动，这就表明存在着视差。有视差就会影响照准和读数精度，如图 1-10(a)、(b)所示。消除视差的方法是仔细且反复交替地调节目镜和物镜对光螺旋，使十字丝和目标影像共平面，且同时都十分清晰，如图 1-10(c)所示。

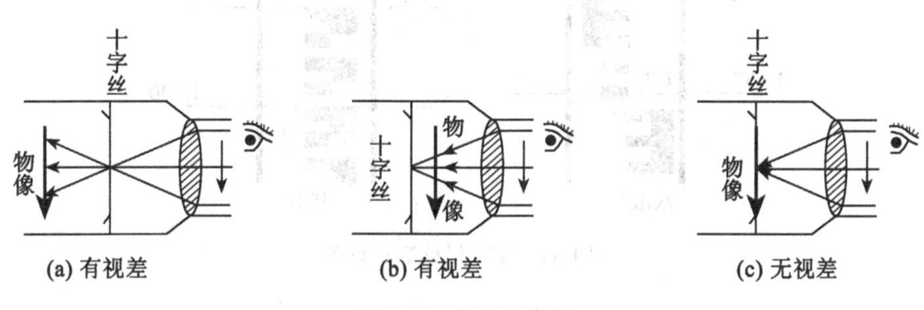

图 1-10 视差示意图

(3)精平

精平就是转动微倾螺旋，将水准管气泡居中，使视线精确水平。具体做法是：慢慢转动微倾螺旋，使观察窗中符合水准气泡的影像符合。左侧影像移动的方向与右手大拇指转动方向相同。由于气泡影像移动有惯性，在转动微倾螺旋时要慢、稳、轻、速度不宜太快。

必须指出的是：具有微倾螺旋的水准仪粗平后，竖轴不是严格铅垂的，当望远镜由一个目标(后视)转瞄另一个目标(前视)时，气泡不一定完全符合，还必须注意重新再精平，直到水准管气泡完全符合，才能读数。

(4)读数

读数就是在视线水平时，用望远镜十字丝的横丝在尺上读数，如图 1-11 所示。读数前要认清水准尺的刻画特征，呈像要清晰稳定。为了保证读数的准确性，读数时要按由小到大的方向，先估读毫米数，再读出米、分米、厘米数。读数前务必检查符合水准气泡影像是否符合好，以保证在水平视线上读取数值。还要特别注意，不要错读单位和发生漏零现象。

4. 自动安平水准仪的技术操作

用微倾式水准仪进行水准测量的关键操作是用水准管气泡居中来获得水平视线，因此，在读数前都要用微倾螺旋将水准管气泡居中，这对于提高水准测量的速度是很大的障碍。自动安平水准仪就不需要水准管和微倾螺旋，只有一个圆水准器，安置仪器时，只要使圆水准器的气泡居中后，借助一种“补偿器”的特别装置，使视线自动处于水平状态。

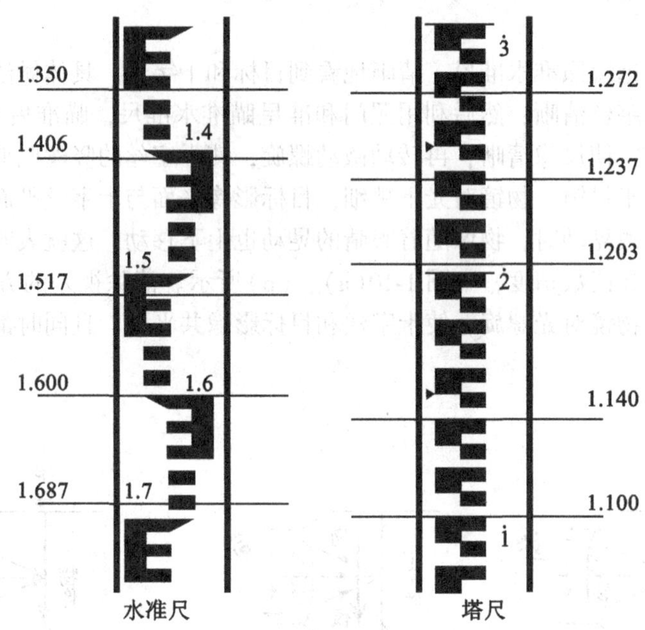

图 1-11 水准尺读数示意图

因此，使用这种自动安平水准仪不仅操作简便，而且能大大缩短观测时间，也可把由于水准仪整置不当、地面有微小的振动或脚架的不规则下沉等影响视线水平的因素作迅速的调整，从而得到正确的读数值，提高水准测量的精度。

自动安平水准仪的技术操作程序分四步进行，即粗平—瞄准—检查—读数。其中，粗平、瞄准、读数方法和微倾式水准仪相同。

检查就是按动自动安平水准仪目镜下方的补偿控制按钮，查看"补偿器"工作是否正常，在自动安平水准仪粗平后，也就是概略置平的情况下，按动一次按钮，如果目标影像在视场中晃动，说明"补偿器"工作正常，视线便可自动调整到水平位置。

下面介绍自动安平的原理。

如图 1-12 所示，当视准轴线水平时，物镜位于 O，十字丝交点位于 A_0，读到的水平视线读数为 α_0。当望远镜视准轴倾斜一个小角 α 时，十字丝交点由 A_0 移到 A，读数变为 α_0。显然，$AA_0 = f_\alpha$（f 为物镜的等效焦距）。

若在距十字丝分划板 s 处安装一个光学补偿器 K，使水平光线偏转 β 角，以通过十字丝中心 A，则有 $AA_0 = s\beta$。故有

$$f \cdot \alpha = s \cdot \beta \tag{1-3}$$

若上式的条件能得到保证，虽然视准轴有微小倾斜（一般倾斜角限值为±10′），但十字丝中心 A 仍能读出视线水平时的读数 α_0，从而达到自动补偿的目的。

5. 水准点和水准路线

水准点是测区的高程控制点，一般缩写为"BM"，用符号"⊗"表示。

为了统一全国的高程系统和满足各种测量的需要，测绘部门在全国各地埋设并测定了很多高程点，这些点称为水准点（Bench Mark）。水准测量通常是从水准点引测其他点的高

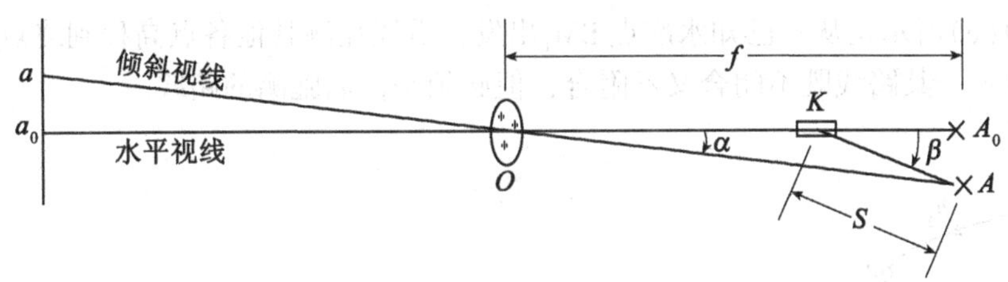

图 1-12 自动安平原理

程。水准点有永久性和临时性两种。

国家等级水准点一般用石料或钢筋混凝土制成，深埋到地面冻结线以下。在标石的顶面设有用不锈钢或其他不易锈蚀材料制成的半球状标志。有些水准点也可设置在稳定的墙脚上，称为墙上水准点。如图 1-13 所示。

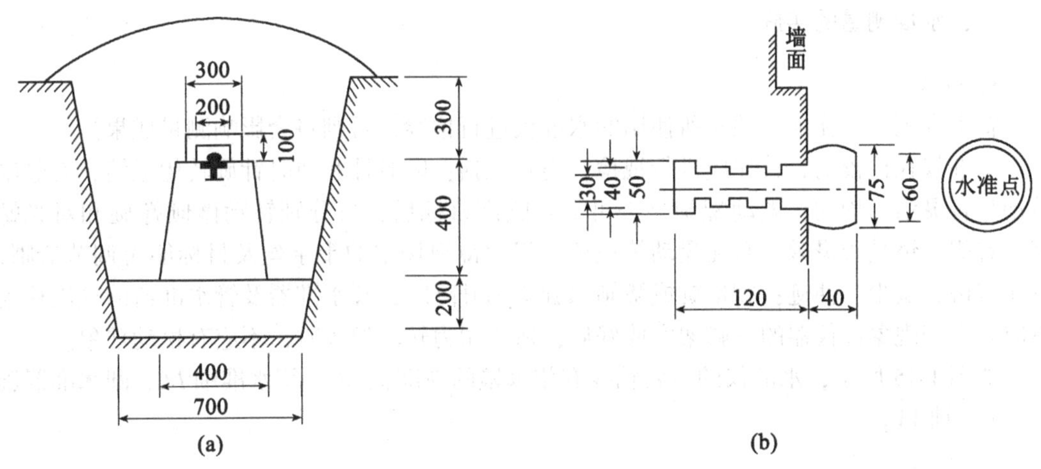

图 1-13 二、三等水准点埋石图

建筑工地上的永久性水准点一般用混凝土或钢筋混凝土制成，临时性的水准点可用地面上突出的坚硬岩石或将大木桩打入地下，桩顶钉以半球形铁钉。

埋设水准点后，应绘出水准点与附近固定建筑物或其他地物的关系图，在图上还要写明水准点的编号和高程，称为点之记，以便于日后寻找水准点位置之用。水准点编号前通常加“BM”字样，作为水准点的代号。

水准路线依据工程的性质和测区的情况，可布设成以下几种形式：

(1)闭合水准路线

图 1-14(a)所示是从一已知水准点 BM_A 出发，经过测量各测段的高差，求得沿线其他各点高程，最后又闭合到 BM_A 的环形路线。

(2)附合水准路线

图 1-14(b)所示是从一已知水准点 BM_A 出发，经过测量各测段的高差，求得沿线其他各点高程，最后附合到另一已知水准点 BM_B 的路线。

(3)支水准路线

图 1-14(c)所示是从一已知水准点 BM_1 出发，沿线往测其他各点高程到终点 2，又从 2 点返测到 BM_1，其路线既不闭合又不附合，但必须是往返施测的路线。

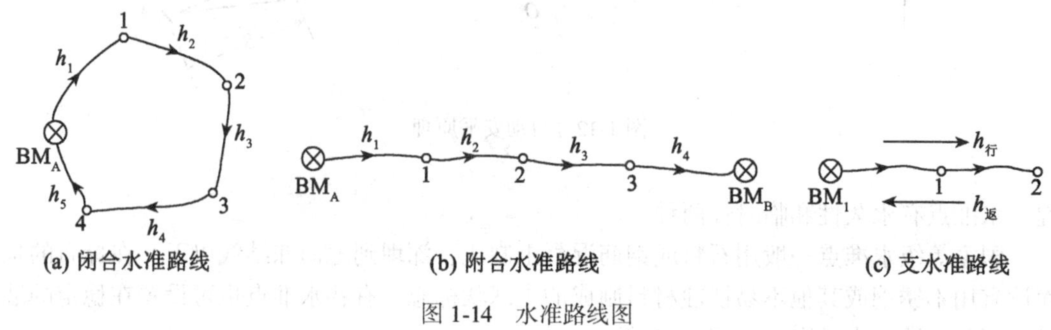

图 1-14 水准路线图

二、水准测量的实施

1. 检校仪器

在水准测量工作前必须对所使用的水准仪进行检验，否则将会影响测量成果。

水准仪在检校前，首先应进行视检，内容包括：顺时针和逆时针旋转望远镜，看竖轴转动是否灵活、均匀；微动螺旋是否可靠；瞄准目标后，再分别转动微倾螺旋和对光螺旋，看望远镜是否灵敏，有无晃动等现象；望远镜视场中的十字丝及目标能否调节清晰；有无霉斑、灰尘、油迹；脚螺旋或微倾螺旋均匀升降时，圆水准器及管水准器的气泡移动不应有突变现象；仪器的三脚架安放好后，适当用力转动架头时，不应有松动现象。

如图 1-15 所示，水准仪的主要轴线有望远镜的视准轴 CC、管水准轴 LL、圆水准器轴 $L'L'$ 和竖轴 VV。

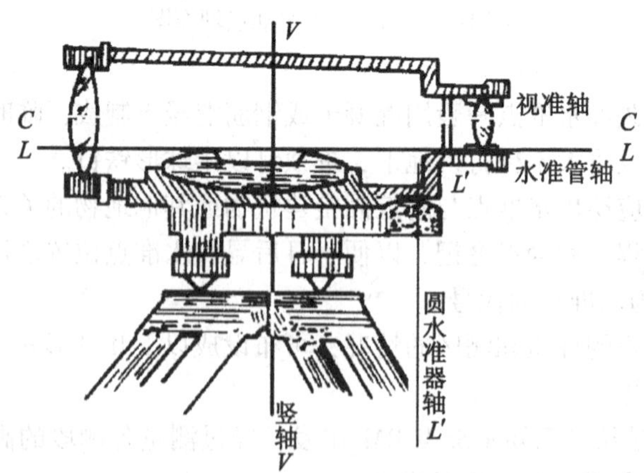

图 1-15 微倾式水准仪几何轴线示意图

根据水准测量原理，微倾式水准仪各轴线间应具备的几何关系是：圆水准器轴应平行于仪器竖轴($L'L' // VV$)，十字丝的横丝应垂直于仪器竖轴；水准管轴应平行于仪器视准轴($LL // CC$)，如图1-15所示，其检验与校正的具体做法如下：

(1)圆水准器的检验与校正

目的：使圆水准器轴平行于仪器竖轴，也就是当圆水准器的气泡居中时，仪器的竖轴应处于铅垂状态。

检验方法：首先转动脚螺旋，使圆水准气泡居中，然后将仪器旋转180°。如果气泡仍居中，说明两轴平行；如果气泡偏移了零点，则说明两轴不平行，需校正。

校正方法：拨动圆水准器的校正螺丝，使气泡中点退回距零点偏离量的一半，如图1-16所示。然后转动脚螺旋，使气泡居中。检验和校正应反复进行，直至仪器转到任何位置圆水准气泡始终居中，即位于刻画圈内为止。

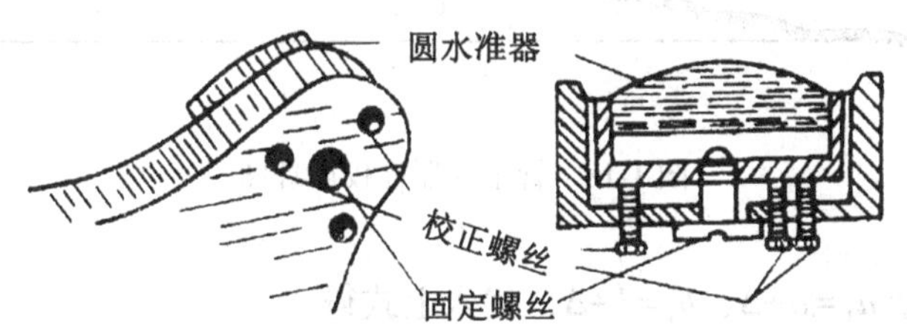

图1-16　圆水准器校正螺丝示意图

(2)十字丝横丝的检验与校正

目的：使十字丝横丝垂直于仪器的竖轴，也就是当竖轴铅垂时，横丝应处于水平状态。

检验方法：整平仪器后，将横丝的一端对准一明显固定点，旋紧制动螺旋后再转动微动螺旋，如果该点始终在横丝上移动，说明十字丝横丝垂直于竖轴，如图1-17(a)所示；如果该点离开横丝，则说明横丝不水平，需要校正，如图1-17(b)所示。

校正方法：用螺丝刀松开十字丝环的三个固定螺丝，再转动十字丝环，调整偏移量，直到满足条件为止，最后拧紧该螺丝，上好外罩。

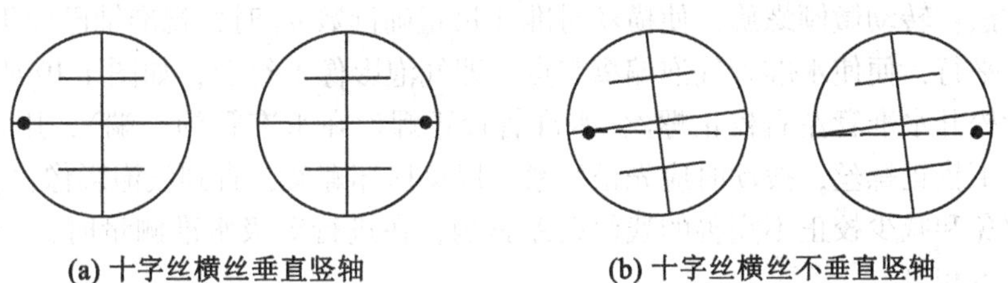

(a) 十字丝横丝垂直竖轴　(b) 十字丝横丝不垂直竖轴

图1-17　十字丝检校原理图

(3)管水准器的检验与校正

目的：使水准管轴平行于视准轴，也就是当管水准器气泡居中时，视准轴应处于水平状态。

检验方法：首先在平坦地面上选择相距100m左右的A点和B点，在两点放上尺垫或打入木桩，并竖立水准尺，如图 1-18 所示。然后将水准仪器安置在 A、B 两点的中间位置 C 处进行观测，假如水准管轴不平行于视准轴，视线在尺上的读数分别为 a_1 和 b_1，由于视线的倾斜而产生的读数误差均为 Δ，则两点间的高差 h_{AB} 为

$$h_{AB}=a_1-b_1$$

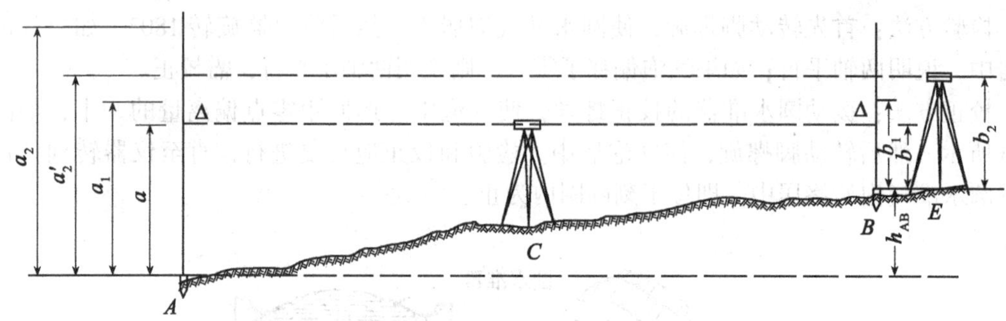

图 1-18 管水准器检校原理图

由图 1-18 可知，$a_1=a+\Delta$，$b_1=b+\Delta$，代入上式得

$$h_{AB}=(a+\Delta)-(b+\Delta)=a-b$$

此式表明，若将水准仪安置在两点中间进行观测，便可消除由于视准轴不平行于水准管轴所产生的误差读数 Δ，得到两点间的正确高差 h_{AB}。

为了防止错误和提高观测精度，一般应改变仪器高观测两次，若两次高差的误差小于 3mm，则取平均数作为正确高差 h_{AB}。

再将水准仪安置在距 B 尺 2m 左右的 E 处，安置好仪器后，先读取近 B 尺的读数值 b_2，因仪器离 B 点很近，两轴不平行的误差可忽略不计。然后根据 b_2 正确高差 h_{AB} 计算视线水平时在远尺 A 的正确读数值 a_2'，即

$$a_2'=b_2+h_{AB} \tag{1-4}$$

用望远镜照准 A 点的水准尺，若读数与 a_2' 相差小于 4mm，则说明水准管轴平行于视准轴，否则应进行校正。

校正方法：转动微倾螺旋，使横丝对准 A 尺正确读数 a_2' 时，视准轴已处于水平位置，由于两轴不平行，便使水准管气泡偏离零点，即气泡影像不符合，如图 1-19 所示。这时，首先用拨针松开水准管左右校正螺丝(水准管校正螺丝在水准管的一端)，用校正针拨动水准管上、下校正螺丝，拨动时应先松后紧，以免损坏螺丝，直到气泡影像符合为止。

为了避免和减少校正不完善的残留误差影响，在进行等级水准测量时，一般要求前、后视距离基本相等。

2. 等外水准测量的实施

等外水准测量(普通水准测量)通常用经检校后的 DS_3 型水准仪施测。水准尺采用塔尺或单面尺，受水准仪放大倍率和水准尺长度所限，当地面上两点之间距离较长或地面坡度较陡时，在水准测量实施时，不可能只架设一次仪器就可测出两点之间高差，而要采取分段施测，中间加转点，高程是依次由 ZD_1，ZD_2，…，点传递过来的，这些传递高程的点称为转点，转点起到了传递高程的作用，转点既有前视读数又有后视读数，转点的选择

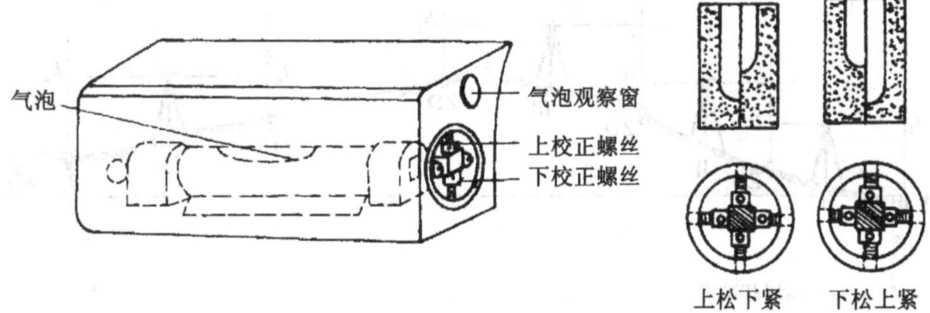

图 1-19 管水准器校正示意图

将影响到水准测量的观测精度，因此转点要选在坚实、凸起、明显的位置，在一般土地上应放置尺垫。每站测量时，水准仪应置于两水准尺中间，使前、后视的距离尽可能相等。

(1)具体施测方法

①如图 1-20 所示，置水准仪于距已知后视高程点 A 一定距离的 Ⅰ 处，并选择好前视转点 ZD_1，将水准尺置于 A 点和 ZD_1点上。

②将水准仪粗平后，先瞄准后视尺，消除视差。精平后读取后视读数值 a_1，并记入等外水准测量记录表中，见表 1-1。

③平转望远镜照准前视尺，精平后，读取前视读数值 b_1，并记入等外水准测量记录表中。至此，便完成了普通水准测量一个测站的观测任务。

④将仪器搬迁到第Ⅱ站，把第Ⅰ站的后视尺移到第Ⅱ站的转点 ZD_2上，把原第Ⅰ站前视变成第Ⅱ站的后视。

⑤按②、③步骤测出第Ⅱ站的后、前视读数值 a_2、b_2，并记入等外水准测量记录表中。

⑥重复上述步骤测至终点 B 为止。

B 点高程的计算是先计算出各站高差：

$$h_i = a_i - b_i \quad (i=1,\ 2,\ \cdots,\ n) \tag{1-5}$$

再用 A 点的已知高程推算各转点的高程，最后求得 B 点的高程，即

$$\begin{aligned} h_1 &= a_1 - b_1 & H_{ZD_1} &= H_A + h_1 \\ h_2 &= a_1 - b_2 & H_{ZD_2} &= H_{ZD_1} + h_2 \\ &\vdots & &\vdots \\ h_n &= a_n - b_n & H_B &= H_{ZD_n} + h_n \end{aligned}$$

将上列左边求和得 $$\sum h = \sum a - \sum b = h_{AB} \tag{1-6}$$

从上列右边可知 $$H_B = H_A + \sum h \tag{1-7}$$

(2)数据校核

①测站校核。水准测量连续性很强，一个测站的误差或错误对整个水准测量成果都有影响。为了保证各个测站观测成果的正确性，可采用以下方法进行校核：

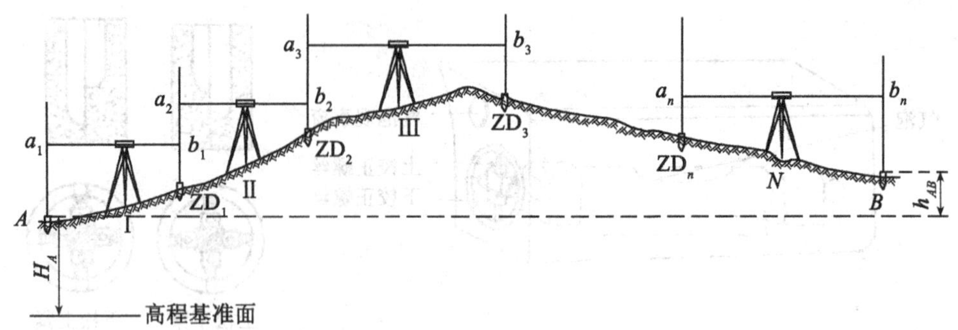

图 1-20 等外水准测量示意图

表 1-1 **等外水准测量记录表**

<table>
<tr><th rowspan="2">测 点</th><th colspan="2">标尺读数(m)</th><th colspan="2">高 差(m)</th><th rowspan="2">高 程
(m)</th><th rowspan="2">备 注</th></tr>
<tr><th>后 视</th><th>前 视</th><th>+</th><th>-</th></tr>
<tr><td>A</td><td>1.851</td><td></td><td></td><td></td><td>50.000</td><td>$H_A=50.000$m</td></tr>
<tr><td></td><td></td><td></td><td>0.583</td><td></td><td></td><td></td></tr>
<tr><td>ZD_1</td><td>1.425</td><td>1.268</td><td></td><td></td><td>50.583</td><td></td></tr>
<tr><td></td><td></td><td></td><td>0.753</td><td></td><td></td><td></td></tr>
<tr><td>ZD_2</td><td>0.863</td><td>0.672</td><td></td><td></td><td>51.336</td><td></td></tr>
<tr><td></td><td></td><td></td><td></td><td>0.718</td><td></td><td></td></tr>
<tr><td>ZD_3</td><td>1.219</td><td>1.581</td><td></td><td></td><td>50.618</td><td></td></tr>
<tr><td></td><td></td><td></td><td>0.873</td><td></td><td></td><td></td></tr>
<tr><td>B</td><td></td><td>0.346</td><td></td><td></td><td>51.491</td><td></td></tr>
<tr><td>$\sum$</td><td>5.359</td><td>3.867</td><td>2.209</td><td>0.718</td><td></td><td></td></tr>
<tr><td>计算检核</td><td colspan="6">$\sum a-\sum b=5.358-3.867=1.491$
$\sum h=2.209-0.718=1.491$
$H_B-H_A=51.491-50.000=1.491$
$H_B-H_A-\sum h-\sum a-\sum b$ (计算无误)</td></tr>
</table>

注：此表为假设从 $A\sim B$ 只设 4 站的记录，水准路线为支水准路线。

变更仪器高法：在一个测站上用不同的仪器高度测出两次高差。测得第一次高差后，改变仪器高度(至少 10cm)，然后再测一次高差。当两次所测高差之差不大于 5mm 时，认为观测值符合要求，取其平均值作为最后结果；若大于 5mm，则需要重测。

双面尺法：仪器高度不变，而用水准尺的红面和黑面高差进行校核。红、黑面高差之差也不能大于5mm。

②计算校核。由公式(1-8)看出，B 点对 A 点的高差等于各转点之间高差的代数和，也等于后视读数之和减去前视读数之和的差值，即

$$h_{AB} = \sum h = \sum a - \sum b \tag{1-8}$$

经上式校核无误后，说明高差计算是正确的。

按照各站观测高差和 A 点已知高程，推算出各转点的高程，最后求得终点 B 的高程。终点 B 的高程 H_B 减去起点 A 的高程 H_A 应等于各站高差的代数和，即

$$H_B - H_A = \sum h \tag{1-9}$$

经上式校核无误后，说明各转点高程的计算是正确的。

③成果校核。测量成果由于测量误差的影响，使得水准路线的实测高差值与应有值不相符，其差值称为高差闭合差，若高差闭合差在允许误差范围之内，则认为外业观测成果合格；若超过允许误差范围，则应查明原因进行重测，直到符合要求为止。一般等外水准测量的高差容许闭合差为

平原微丘区　$f_{h容} = \pm 40\sqrt{L}\,\text{mm}$

山岭重丘区　$f_{h容} = \pm 12\sqrt{n}\ \text{mm}$　(1-10)

式中：L 为水准路线长度，以 km 为单位；n 为总测站数。

等外水准测量的成果校核，主要考虑其高差闭合差是否超限。根据不同的水准路线，其校核的方法也不同，各水准路线的高差闭合差计算公式如下：

附合水准路线：实测高差的总和与始、终已知水准点高差之差称为附合水准路线的高差闭合差。即

$$f_h = \sum h - (H_{终} - H_{始}) \tag{1-11}$$

闭合水准路线：实测高差的代数和不等于零，其差值为闭合水准路线的高差闭合差。即

$$f_h = \sum h \tag{1-12}$$

支水准路线：实测往、返高差的绝对值之差称为支水准路线的高差闭合差。即：

$$f_h = |h_{往}| - |h_{返}| \tag{1-13}$$

如果水准路线的高差闭合差 f_h 小于或等于其容许的高差闭合差 $f_{h容}$，即 $f_h \leqslant f_{h容}$，就认为外业观测成果合格，否则须进行重测。

3. 水准点的高程计算

(1)检查外业观测手簿、绘制线路略图

在进行高程计算之前，应首先进行外业手簿的检查。检查内容包括：记录是否有违规现象、注记是否齐全、计算是否有错误等。经检查无误后，便可着手计算水准点的高程。

计算前，应做如下准备工作：先确定水准路线的推算方向；再从观测手簿中逐一摘录各测段的观测高差 h_i，其中凡观测方向与推算方向相同的，其观测高差的符号不变，凡方向不同的，观测高差的符号则应变号；同时，还摘录各测段距离 L_i 或测站数 n_i，并抄录起终水准点的已知高程，绘制水准路线略图(见图1-21)。

(2)高差闭合差的计算与调整

等外水准测量的成果处理就是当外业观测成果的高差闭合差在容许范围内时，所进行高差闭合差的调整，使调整后的各测段高差值等于应有值，也就是使$f_h=0$。最后，用调整后的高差计算各测段水准点的高程。

高差闭合差的调整原则是以水准路线的测段站数或测段长度成正比，将闭合差反号分配到各测段上，并进行实测高差的改正计算。

①按测站数调整高差闭合差，则某一测段高差的改正数为

$$V_i=-\frac{f_h}{\sum n}n_i \tag{1-14}$$

式中：$\sum n$为水准路线各测段的测站数总和；n_i为某一测段的测站数。

改正后高差为 $h_i'=h_i+V_i$

待定点的高程为 $H_i=H_{i-1}+h_i'$

图 1-21 为某一附合水准测量实例，计算过程及结果参见表 1-2。

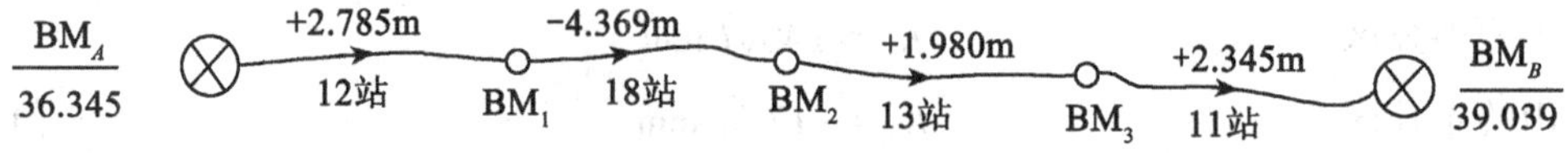

图 1-21 附合水准路线

表 1-2 **按测站数调整高差闭合差及高程计算表**

测段编号	测点	测站数(个)	实测高差(m)	改正数(m)	改正后的高差(m)	高程(m)	备注
	BM_A					36.345	$H_B-H_A=2.694$m $f_h=\sum h-(H_B-H_A)=2.741-2.694=0.047$m $\sum n=54$ $f_{h容}=\pm12\sqrt{n}=\pm12\sqrt{54}=\pm88.2$mm $V_i=-\frac{f_h}{\sum n}\cdot n_i$
1		12	+2.785	-0.010	+2.775		
	BM_1					39.120	
2		18	-4.369	-0.016	-4.385		
	BM_2					34.745	
3		13	+1.980	-0.011	+1.969		
	BM_3					36.704	
4		11	+2.345	-0.010	+2.335		
	BM_B					39.039	
$\sum$		54	+2.741	-0.047	+2.694		

②按测段长度调整高差闭合差，则某一测段高差的改正数为

$$V_i=-\frac{f_h}{\sum L}L_i \tag{1-15}$$

式中：$\sum L$为水准路线各测段的总长度；L_i为某一测段的长度。

按测段长度调整高差闭合差和高程计算示例如图 1-21 所示，并参见表 1-3。

需要指出的是：在水准测量成果处理时，无论是按测站数调整高差闭合差(见表1-2)，还是按测段长度调整高差闭合差(见表 1-3)，都应满足下列关系：

$$\sum V = -f_h$$

即水准路线各测段的改正数之和与高差闭合差大小相等，符号相反。

表1-3 **按路线长度调整高差闭合差及高程计算表**

测段编号	测点	测段距离(km)	实测高差(m)	改正数(m)	改正后的高差(m)	高程(m)	备注
	BM_A					36.345	$f_h = \sum h - (H_B - H_A) = 2.741 - 2.694 = +0.047m$ $\sum L = 9.1km$ $f_{h容} = \pm 40\sqrt{L} = \pm 40\sqrt{9.1} = \pm 120.7mm$ $V_i = -\frac{f_h}{\sum L} \cdot L_i$
1		2.1	+2.785	-0.011	+2.774		
	BM_1					39.119	
2		2.8	-4.369	-0.014	-4.383		
	BM_2					34.736	
3		2.3	+1.980	-0.012	+1.968		
	BM_3					36.704	
4		1.9	+2.345	-0.010	+2.335		
	BM_B					39.039	
$\sum$		9.1	+2.741	-0.047	+2.694		

工作任务2 用水准仪完成三、四等水准测量

一、三、四等水准测量的主要技术要求

三、四等水准测量主要使用DS_3水准仪进行观测，水准尺采用整体式双面水准尺，观测前，必须对水准仪和水准尺进行检验。测量时，水准尺应安置在尺垫上，并保证水准尺应扶直。根据双面水准尺的尺常数，即$K_1 = 4687$和$K_2 = 4787$(或4487与4587)，成对使用水准尺。

表1-4 **三、四等水准测量限差**

等级	标准视线长度(m)	前后视距差(m)	前后视距累计差(m)	黑红面读数差(mm)	黑红面高差之差(mm)
三	75	3.0	6.0	2.0	3.0
四	100	5.0	10.0	3.0	5.0

二、三、四等水准测量的实施

1. 每一测站的观测程序

表1-5中括号中的数字表示观测与记录的顺序。

后视黑面尺，读取下、上、中丝读数，即(1)、(2)、(3)；

前视黑面尺，读取下、上、中丝读数，即(4)、(5)、(6)；

前视红面尺，读取中丝读数，即(7)；

后视红面尺，读取中丝读数，即(8)。

四等水准也可采用“后—后—前—前”的观测程序。

表 1-5　　**三、四等水准测量观测记录**

自　　　　天气：　　　　测量者：

测至　　　　成像：　　　　记录者：

20　年　月　日　　　始：　时　分　　　终：　时　分

测站编号	点号	后尺 下丝 上丝 后视距 视距差 d	前尺 下丝 上丝 前视距 $\sum d$	方向及尺号	水准尺读数 黑面	水准尺读数 红面	K+黑-红	平均高差(m)	备注
		(1) (2) (15) (17)	(4) (5) (16) (18)	后 前 后—前	(3) (6) (11)	(8) (7) (12)	(10) (9) (13)	(14)	
1	BM$_1$—ZD$_1$	1.426 0.995 43.1 +0.1	0.801 0.371 43.0 +0.1	后 106 前 107 后—前	1.211 0.586 +0.625	5.998 5.273 +0.725	0 0 0	+0.6250	
2	ZD$_1$—ZD$_2$	1.812 1.296 51.6 -0.2	0.570 0.052 51.8 -0.1	后 107 前 106 后—前	1.554 0.311 +1.243	6.241 5.097 +1.144	0 +1 -1	+1.2435	
3	ZD$_1$—ZD$_3$	0.889 0.507 38.2 +0.2	1.712 1.333 38.0 +0.1	后 106 前 107 后—前	0.698 1.523 -0.825	5.486 6.210 +0.724	-1 0 -1	-0.8245	K 为尺长数，如： $K_{106}=4.787$ $K_{107}=4.687$ 已知 BM$_1$ 高程为： $H=56.345$m
4	ZD$_3$-A	1.891 1.525 36.6 -0.2	0.758 0.390 36.8 -0.1	后 107 前 106 后—前	1.708 0.534 +1.134	6.395 5.361 +1.034	0 0 0	+1.1340	
每页检核		$\sum(15)=169.5$ $-)\sum(16)=169.6$ $=-0.1$ = 末站(18)		$\sum[(3)+(8)]=29.291$ $-)\sum[(6)+(7)]=24.935$ $=+4.356$		$\sum[(11)+(12)]$ $=4.356$		$\sum(14)=+2.1780$ $2\sum(14)=+4.356$	

总视距 $\sum(15)+\sum(16)=339.1$(m)

2. 测站上的计算方法

(1)视距部分

后视距离(15)=[(1)-(2)]×100;

前视距离(16)=[(4)-(5)]×100;

前、后视距差(17)=(15)-(16)，三等水准(17)≤±3m，四等水准(17)≤±5m;

前、后视距累积差(18)=上站(18)+本站(17)，三等水准(18)≤±6m，四等水准(18)≤±10m。

(2)高差部分

同一水准尺红黑面中丝读数之差应等于该尺红、黑面的零点常数差K(设K_{106}=4.787m；K_{107}=4.687m)。

(9)=(6)+K_{106}-(7)，三等水准(9)≤±2mm，四等水准(9)≤±3mm;

(10)=(3)+K_{106}-(8)，三等水准(10)≤±2mm，四等水准(10)≤±3mm;

黑面高差(11)=(3)-(6);

红面高差(12)=(8)-(7);

校核(13)=(11)-[(12)±0.100]=(10)-(9)，三等水准(13)≤±3mm，四等水准(13)≤±5mm，式中0.100为两根水准尺红面起点注记之差，即4.786-4.687=0.100；平均高差(14)=$\frac{1}{2}$[(11)+(12)±0.100]。

3. 每页的计算校核

(1)高差部分

测站数为偶数，则

$$\sum[(3)+(8)]-[(6)+(7)]=\sum[(11)+(12)]=2\sum(14)$$

测站数为奇数，则

$$\sum[(3)+(8)]-[(6)+(7)]=\sum[(11)+(12)]=2\sum(14)\pm 0.100$$

(2)视距部分

末站视距累积差=末站(18)=$\sum(15)-\sum(16)$

在完成一测段单程测量后，需立即计算其高差总和，完成水准路线往返观测或附合、闭合路线观测后，应尽快计算高差闭合差，并进行成果检验，若高差闭合差未超限，便可进行闭合差调整，最后按调整后的高差计算各水准点的高程。

☞ 完成项目要领提示

无论是等外水准还是等级水准测量，完成该项目的基本流程如图1-22所示。

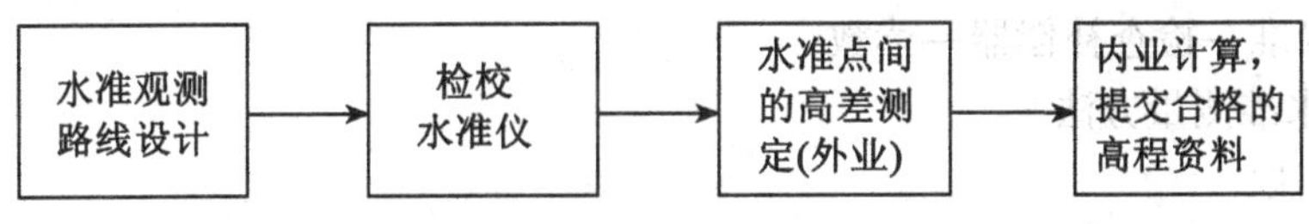

图1-22

①根据测区内已知水准点和未知点的分布情况，合理确定一条水准观测路线(闭合、附合、支水准路线)。

②在水准测量实施之前，必须检验所使用的水准仪，如果仪器的三项检验有问题，则要及时提出，能自己校正更好，否则应送到仪器检修部门进行检修或更换仪器。

③水准测量外业实施时，要注意水准测量过程中应尽量用目估或步测保持前、后视距基本相等来消除或减弱水准管轴不平行于视准轴所产生的误差，同时选择适当观测时间，限制视线长度和高度来减少折光的影响。每站仪器脚架要踩牢，观测速度要快，以减少仪器下沉对高差的影响。对于等级水准测量，每测段要以偶数站结束，以减小水准尺的零点差对高差的影响。估读要准确，读数时要仔细对光，消除视差。若使用微倾式水准仪，每次读数前必须使符合气泡符合方能读数，水准点上不要垫尺垫，而转点处则必须垫尺垫。水准尺要立直，记录要原始，当场填写清楚，在记错或算错时，应在错字上画一斜线，将正确数字写在错数上方，但毫米位严禁改动，读数时，记录员要复诵，以便核对。应按记录格式填写，字迹要整齐、清楚、端正。测量者要严格执行操作规程，符合相应等级的水准技术要求，工作要细心，加强校核，防止错误。观测时，如果阳光较强，要给仪器撑伞。

④外业结束后，首先应检查外业手簿的记录和计算有无错误，经校核后才能使用，然后计算高差闭合差这一重要精度指标，若在相应等级水准规定的范围内，即可进行内业计算，否则应返工重测。最后，将合格的水准点成果资料上交。

知 识 小 结

1. 水准仪及使用

(1) DS_3水准仪的几何轴线及关系

几何轴线：

视准轴(CC)——物镜光心与十字丝中点的连线；

水准管轴(LL)——水准管内壁圆弧零点的切线；

圆水准器轴($L'L'$)——圆水准器内壁圆弧零点的法线；

竖轴(VV)——水准仪的旋转轴。

几何关系：$CC/\!/LL$；$L'L'/\!/VV$；十字丝横丝水平。

(2) DS_3型水准仪的技术操作方法

粗平—瞄准—精平—读数。

(3) 微倾式水准仪的检验项目

圆水准器的检验；十字丝横丝的检验；管水准器的检验。

(4) 自动安平水准仪的技术操作方法

粗平—瞄准—检查补偿器—读数

2. 等外水准测量方法

(1) 高差法

高差计算：h_i=后视-前视　　(i=1，2，…，n 站)

记录计算见表1-3。

(2)视线高法

视线高=后视点高程+后视读数

前视点高程=视线高-前视读数

(3)水准路线及高差闭合差

闭合水准路线：$f_h = \sum h$

附合水准路线：$f_h = \sum h - (H_{终} - H_{始})$

往返水准路线：$f_h = |h_{往}| - |h_{返}|$

(4)高差闭合差的调整

某一测段高差的改正数为

按测站数：$V_i = -\frac{f_h}{\sum n} n_i$　　　　校核 $\sum V = -f_h$

按测段长度：$V_i = -\frac{f_h}{\sum L} L_i$　　　　校核 $\sum V = -f_h$

3. 四等水准测量

(1)观测方法

“后—前—前—后”或“后—后—前—前”。

(2)记录与计算

见表1-5。

知识检验

一、单选题

1. DS_1 水准仪的观测精度要(　　)DS_3水准仪。

A. 高于　　B. 接近于　　C. 低于　　D. 等于

2. 水准测量中，设后尺 A 的读数 $a=2.713$m，前尺 B 的读数 $b=1.401$m，已知 A 点高程为15.000m，则视线高程为(　　)m。

A. 13.688　　B. 16.312　　C. 16.401　　D. 17.713

3. 在水准测量中，若后视点 A 的读数大，前视点 B 的读数小，则有(　　)。

A. A 点比 B 点低　　B. A 点比 B 点高

C. A 点与 B 点可能同高　　D. A、B 点的高低取决于仪器高度

4. 水准器的分划值越大，说明(　　)。

A. 内圆弧的半径大　　B. 其灵敏度低

C. 气泡整平困难　　D. 整平精度高

5. 普通水准测量，应在水准尺上读取(　　)位数。

A. 5　　B. 3　　C. 2　　D. 4

6. 水准测量时，尺垫应放置在(　　)。

A. 水准点　　　　　　　　B. 转点

C. 土质松软的水准点上　　D. 需要立尺的所有点

7. 转动目镜对光螺旋的目的是(　　)。

A. 看清十字丝　　　　B. 看清物像　　　　C. 消除视差

8. 水准仪的(　　)应平行于仪器竖轴。

A. 视准轴　　B. 圆水准器轴　C. 十字丝横丝　　D. 管水准器轴

二、简答与计算

1. DS_3水准仪的技术操作分为哪几步？

2. 附合水准路线、闭合水准路线、支水准路线的高差闭合差的计算公式各是什么？

3. 微倾式水准仪主要做哪几项检验？其目的是什么？

4. 将仪器架设在两水准尺间等距离处可消除哪些误差？

5. 四等水准测量一测站的观测程序是怎样的？有哪些限差要求？

6. 图 1-23 为附合等外水准路线的观测成果，在表 1-6 上按测段路线长度调整高差闭合差，并进行高程计算。

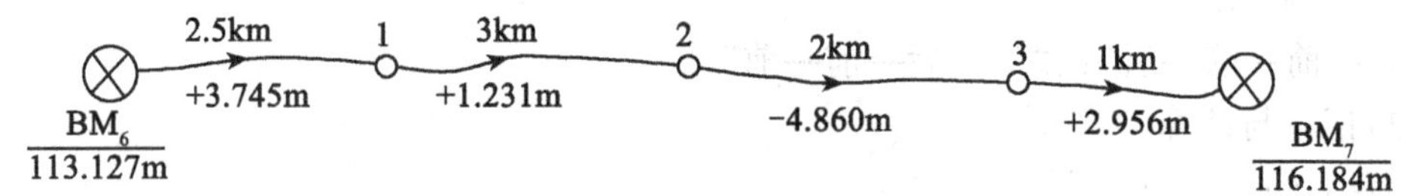

图 1-23

表 1-6　　　　**按路线长度调整高差闭合差及高程计算表**

测段编号	测点	距离(m)	实测高差(m)	改正数(m)	改正后高差(m)	高程(m)	备注

7. 图 1-24 为等外闭合水准路线的观测成果，在表 1-7 上按测站数调整高差闭合差并进行高程计算。

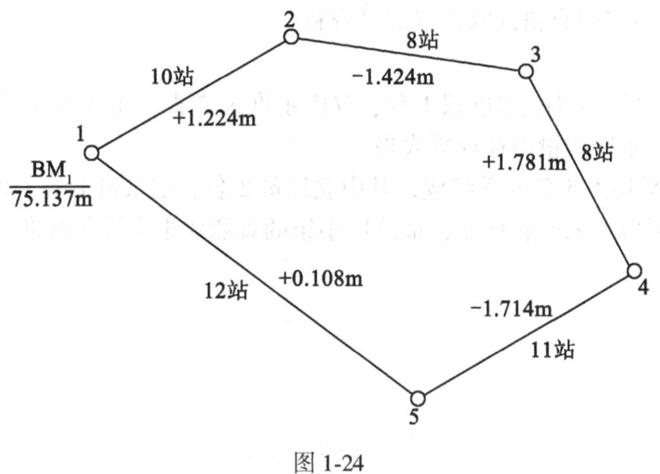

图 1-24

表 1-7 **按测站数调整高差闭合差及高程计算表**

测段编号	测点	测站数	实测高差(m)	改正数(m)	改正后高差(m)	高程(m)	备注

8. 在检校水准管轴与视准轴是否平行时，将仪器安置在距 A、B 两点等距离处，得 A 尺读数 $a_1=1.573$m，B 尺读数 $b_1=1.215$m。将仪器搬至 A 尺附近，得 A 尺读数 $a_2=1.432$m，B 尺读数 $b_2=1.066$m。试问：(1)视准轴是否平行于水准管轴？(2)当水准管气泡居中时，视线向上倾斜还是向下倾斜？(3)如何校正？(4)若是自动安平水准仪，如何校正？

项目综合训练

每组同学设计一条闭合水准路线，路线长度约 1.5km，自己设计 4 个水准点，并编号

为 BM_1、BM_2、BM_3、BM_4；起始点 BM_A 高程为 100.000m，通过外业测量（按四等水准测量规范）与内业计算得到合格的水准点成果资料。

1. 仪器准备

每组在仪器室借领：DS_3 水准仪 1 台、双面水准尺 2 根，记录板 1 块，尺垫 2 个，四等水准记录表格、水准测量内业计算表格。

2. 每个小组平均由 5 名同学组成，其中立尺员 2 名、记录员 1 名、观测员 1 名，每个同学可观测一个测段，采取轮换制，最终以小组的观测成果为评价标准。

项目2 导线测量

☞ 项目导入

在测量工作中，为了克服误差的传播和累积对测量成果造成的影响和提高测量的精度与速度，测量工作必须遵循“从整体到局部，先控制后碎部”的原则，也就是说，要先在测区内选择一些有控制意义的点，用精确的方法测定它们的平面位置和高程，以控制整个测区，然后再以这些控制点为依据，进行碎部测量或测设。在测量工作中，将这些有控制意义的点称为控制点，由控制点所构成的几何图形称为控制网，而将精确测定控制网点位的工作称为控制测量。

控制测量工作具有控制全局的作用，是其他各项测量工作的依据。对于地形测图，等级控制是扩展图根控制的基础，以保证所测地形图能以一定的精度互相拼接成为一个整体。对于工程测量，常需布设专用控制网，作为施工放样和变形观测的依据。由于传统的测量方法并不能简单地同时将地面控制点的平面位置和高程精确测出，而是需要采用不同的仪器和方法来分别完成，而且平面点和高程点在点的布设和使用上也各有特点，因而控制测量实施时被分为平面控制测量和高程控制测量两部分。平面控制测量是测定控制点的平面位置，高程控制测量是测定控制点的高程。平面控制测量常采用三角测量、导线测量、GPS测量等方法建立，高程控制测量采用水准测量和三角高程测量方法建立。本项目主要讨论小地区（$10km^2$以下）控制网建立的有关问题，即主要介绍用导线测量建立小地区平面控制网和用三角高程测量建立小地区高程控制网的方法。小地区平面控制网应视测区面积的大小，按精度要求分级建立，一般采用导线测量的方法进行。特别是在地物分布复杂的建筑区、视线障碍较多的隐蔽区和带状地区，多采用导线测量的方法。

☞ 知识与技能目标

- 掌握水平角与竖直角的观测方法；
- 掌握导线测量内、外业工作；
- 能够使用全站仪进行导线测量；
- 能够使用全站仪进行三角高程测量；
- 能够使用全站仪进行坐标测量。

工作任务1 用经纬仪完成角度测量

导线测量是建立小地区平面控制网常用的一种方法。所谓导线，是指测区内相邻控制点用直线连接而构成的折线图形，如图2-1所示。构成导线的控制点称为导线点。图上折

线的转折点 A、B、C、E、F 即为导线点。转折边 D_{AB}、D_{BC}、D_{CE}、D_{EF}称为导线边；水平角 β_B、β_C、β_E称为转折角，其中 β_B、β_E在导线前进方向的左侧，称为左角，β_C在导线前进方向的右侧，称为右角；α_{AB}称为起始边 D_{AB}的坐标方位角。导线测量就是依次测定各导线边的长度和各转折角值，再根据起算数据(起始点的坐标和起始边的方位角或两点坐标)，推算出各边的坐标方位角，从而求出各导线点的坐标。

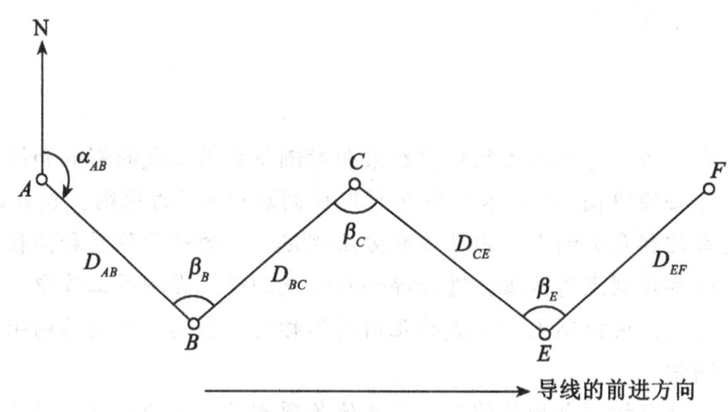

图 2-1 导线示意图

传统的导线测量是利用经纬仪测量转折角，用钢尺测定导线边长，称为经纬仪钢尺导线法测量。目前，导线的边长一般用测距仪(全站仪)测定，称为全站仪导线测量法。那么，是如何测量的呢？下面首先介绍经纬仪测量转折角(水平角)的方法。

一、光学经纬仪的操作与使用

角度测量是确定地面点位的基本工作之一，经纬仪是最常用的测角仪器。

角度测量分为水平角测量和竖直角测量。测量水平角的目的是求算地面点的平面位置，而竖直角测量则主要是为了确定两地面点的高差，或将地面两点间的倾斜距离改化为水平距离。

1. 水平角测量原理

地面上两条直线之间的夹角在水平面上的投影称为水平角。如图 2-2 所示，A、B、O 为地面上的任意点，通过 OA 和 OB 直线各作一垂直面，并把 OA 和 OB 分别投影到水平投影面上，其投影线 Oa 和 Ob 的夹角 $\angle aOb$，就是 $\angle AOB$ 的水平角 β。

地面点 A、B、O 三点并不在同一个水平面上，因此，地面 OA 直线与 OB 直线所夹角并不是水平角。要想获得水平角 $\angle AOB$，可在角的顶点 O 点铅垂线方向上安置一个带有水平刻度盘的测角仪器，这个水平刻度盘即相当于水平面。地面上 OA 直线与 OB 直线投影到水平刻度盘上的投影线为 Oa 和 Ob，其夹角为 $\angle aOb$，就是 $\angle AOB$ 的水平角 β。则水平角 β 为

$$\beta=b_1-a_1 \tag{2-1}$$

2. 竖直角测量原理

在同一竖直面内，视线和水平线之间的夹角称为竖直角或称垂直角。如图 2-3 所示，

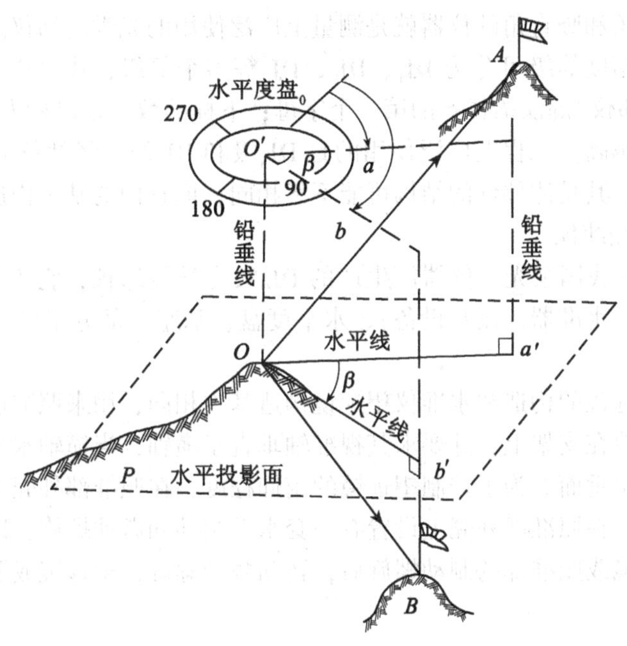

图 2-2 水平角测量原理图

视线在水平线之上，称为仰角，符号为正；视线在水平线之下，称为俯角，符号为负。

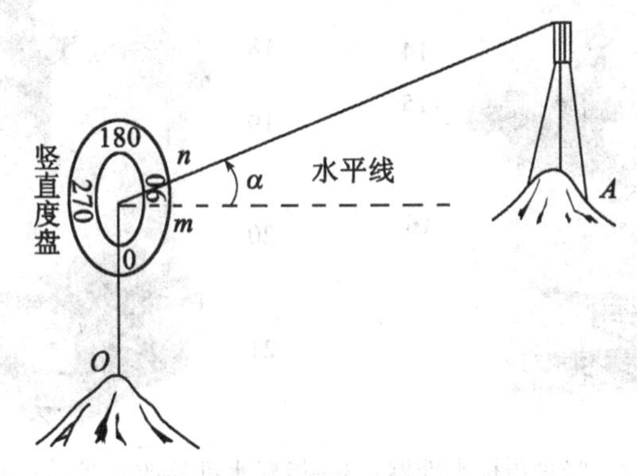

图 2-3 竖直角测量原理图

如果在测站点 O 上安置一个带有竖直刻度盘的测角仪器，其竖盘中心通过水平视线，设照准目标点 A 时视线的读数为 n，水平视线的读数为 m，则竖直角 α 为

$$\alpha = n - m \tag{2-2}$$

注意：竖直角也可以以天顶距的形式来表示，天顶距即为地面点的垂线上方向至观测视线的夹角。设在观测的 OA 方向的天顶距为 Z，竖直角为 α，故天顶距与竖直角的关系为

$$\alpha = 90° - Z$$

3. 光学经纬仪构造

能够测定水平角和竖直角的仪器就是测量上广泛使用的光学经纬仪。

光学经纬仪按精度等级可分为 DJ_1、DJ_2、DJ_6 等多个等级，代号中“D”和“J”分别为“大地测量”与“经纬仪”的汉语拼音的第一个字母；下标的数字是以秒为单位的精度指标，数字越小，其精度越高。工程上广泛使用的是 DJ_6 级和 DJ_2 级。经纬仪因精度的等级不同或生产的厂家不同，其具体部件的结构可能不尽相同，但它们的基本构造是一样的。

(1) DJ_6 级光学经纬仪

图 2-4 所示的是我国某光学仪器厂生产的 DJ_6 级光学经纬仪，它主要由照准部(包括望远镜、竖直度盘、水准器、读数设备)、水平度盘、基座三部分组成。现将各组成部分分别介绍如下：

①望远镜：望远镜的构造和水准仪望远镜构造基本相同，用来照准远方目标。望远镜和横轴固连在一起放在支架上，并要求其视准轴垂直于横轴，当横轴水平时，其绕横轴旋转的视准面是一个铅垂面。为了控制望远镜的俯仰程度，在照准部外壳上设置有一套望远镜制动和微动螺旋。在照准部外壳上设置有一套水平制动和微动螺旋，以控制水平方向的转动。当拧紧望远镜或照准部的制动螺旋后，转动微动螺旋，望远镜或照准部才能作微小的转动。

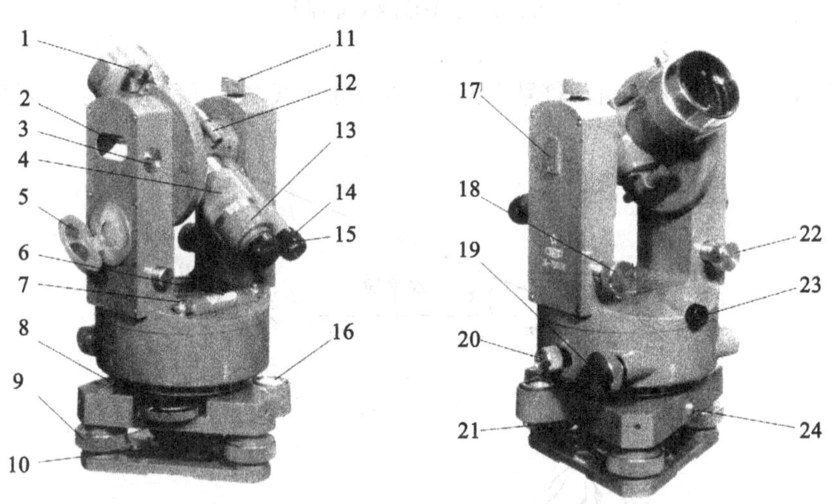

1—指标水准器观察窗镜；2—竖盘指标水准器；3—指标水准器改正护盖；4—望远镜调焦圈；5—读数照明反光镜；6—照准部水准器；7—校正螺钉；8—换盘手轮；9—脚螺旋；10—防扭簧片；11—望远镜制动手轮；12—粗瞄准器；13—分划板改正护盖；14—读数显微镜目镜；15—望远镜目镜；16—圆水准器；17—磁针插榫；18—望远镜微动手轮；19—水平微动手轮；20—水平制动手轮；21—三角座；22—指标水准器微动手轮；23—光学对点器目镜；24—底座制紧螺钉

图 2-4 DJ_6 级光学经纬仪构造图

②水平度盘：是用光学玻璃制成圆盘，在盘上按顺时针方向从 0°到 360°刻有等角度的分划线。相邻两分划线的格值为 1°。度盘固定在轴套上，轴套套在轴座上。水平度盘和照准部两者之间的转动关系由离合器扳手或度盘变换手轮控制。

③读数设备：我国制造的DJ_6型光学经纬仪采用分微尺读数设备，它把度盘和分微尺的影像通过一系列透镜的放大和棱镜的折射，反映到读数显微镜内进行读数。在读数显微镜内就能看到水平度盘和分微尺影像，如图 2-5 所示。度盘上两分划线所对的圆心角，称为度盘分划值。

在读数显微镜内所见到的长刻画线和大号数字是度盘分划线及其注记，短刻画线和小号数字是分微尺的分划线及其注记。分微尺的长度等于度盘 1°的分划长度，分微尺分成 6 大格，每大格又分成 10 小格，每小格格值为 1′，可估读到 0. 1′。分微尺的 0°分划线是其指标线，它所指度盘上的位置与度盘分划线所截的分微尺长度就是分微尺读数值。为了直接读出小数值，使分微尺注数增大方向与度盘注数方向相反。读数时，以在分微尺上的度盘分划线为准读取度数，而后读取该度盘分划线与分微尺指标线之间的分微尺读数的分数，并估读到 0. 1′，即得整个读数值。在图 2-5 中，水平度盘读数为 180° 06. 4′，即 180°06′24″；竖直度盘读数为 75°57. 2′，即 75°57′12″。

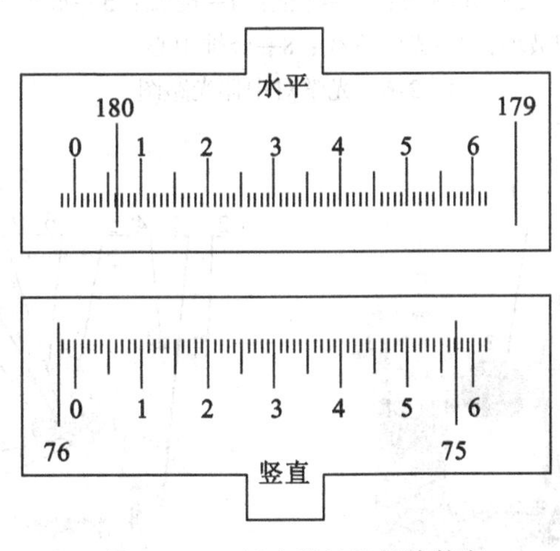

图 2-5 DJ_6级光学经纬仪读数窗

④竖直度盘：固定在横轴的一端，当望远镜转动时，竖盘也随之转动，用以观测竖直角。目前，光学经纬仪普遍采用竖盘自动归零装置，既提高了观测速度又提高了观测精度。

⑤水准器：照准部上的管水准器用于精确整平仪器，圆水准器用于概略整平仪器。

⑥基座部分：基座是支撑仪器的底座。基座上有三个脚螺旋，转动脚螺旋，可使照准部水准管气泡居中，从而使水平度盘水平。基座和三脚架头用中心螺旋连接，可将仪器固定在三脚架上。光学经纬仪装有直角棱镜光学对中器，如图 2-6 所示。光学对中器具有精确度高的优点。

此外，DJ_6级光学经纬仪还配有水平度盘拨盘手轮装置，用以配置水平度盘任一读数。

(2) DJ_2级光学经纬仪

DJ_2级光学经纬仪的构造除轴系和读数设备外，基本上和 DJ_6级光学经纬仪相同。我国某光学仪器厂生产的 DJ_2级光学经纬仪外形如图 2-7 所示。下面着重介绍它和 DJ_6级光学经纬仪的不同之处。

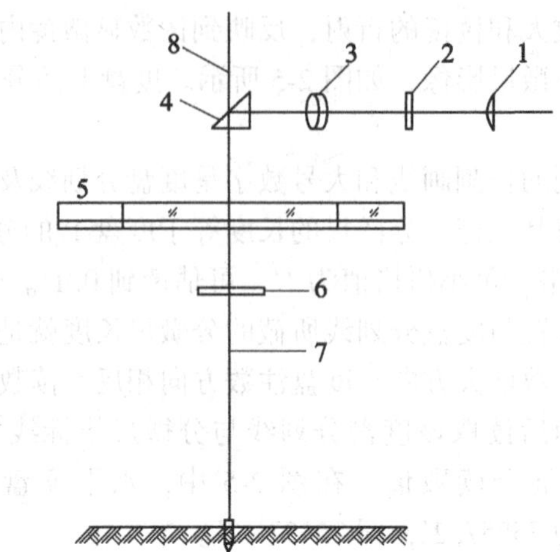

1—目镜；2—分画板；3—物镜；4—棱镜；5—水平度盘；
6—保护玻璃；7—光学垂线；8—竖轴中心

图 2-6 光学对中器光路图

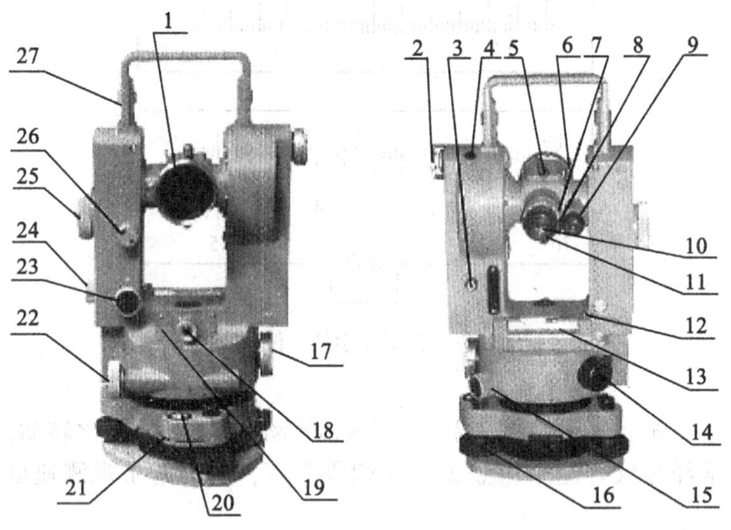

1—望远物镜；2—竖盘照明反光镜；3—接钮；4—调校指标差堵孔钉；5—光学粗瞄准器；6—望远镜反光拨杆；7—卡环；8—调螺丝钉；9—读数显微目镜；10—望远目镜；11—望远镜调焦手轮；12—长水准器调螺钉；13—长水准器；14—换盘手轮及护盖；15—竖轴制动手轮；16—脚螺旋；17—平盘照明反光镜；18—光学对点器；19—平盘转像组盖板；20—圆水准器；21—圆水准器调正螺钉；22—望远镜水平微动手轮；23—望远镜垂直微动手轮；24—换像手轮；25—测微手轮；26—横轴制动手轮；27—仪器提手

图 2-7 DJ_2级光学经纬仪构造图

①水平度盘变换手轮：作用是变换水平度盘的初始位置。水平角观测中，根据测角需要，对起始方向观测时，可先拨开手轮的护盖，再转动该手轮，把水平度盘的读数值配置

为所规定的读数。

②换像手轮：在读数显微镜内一次只能看到水平度盘或竖直度盘的影像，若要读取水平度盘读数，则要转动换像手轮，使轮上指标红线成水平状态，并打开水平度盘反光镜，此时显微镜呈水平度盘的影像。若打开竖直度盘反光镜时转动换像手轮，使轮上指标线竖直，则可看到竖盘影像。

③测微手轮：每次读数时需转测微手轮，使中间窗口的分划线上下重合。

④半数字化读数方法：我国生产的新型 TDJ_2 级光学经纬仪采用了半数字化的读数方法，使读数更为方便，不易出错，如图 2-8 所示。中间窗口为度盘对径分划影像，没有注记，上面窗口为度和整 10′的注记，用小方框"Π"标记欲读的整 10′数，左边窗口的左侧数字为分，右侧数字为 10″，每小格为 1″，读数时转动测微手轮使中间窗口的分划线上下重合，从上窗口读得 150°00′，左边窗口读得 1′54″，全部读数为 150°01′54″。

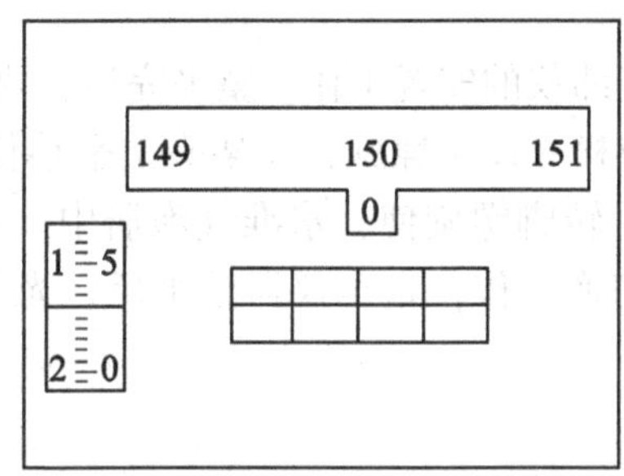

图(4)水平度盘读数

上窗读数：150°00′

小窗读数：　01′54″

150°01′54″

图 2-8　DJ_2 级光学经纬仪读数窗

4. 光学经纬仪的技术操作

经纬仪的技术操作包括：对中—整平—瞄准—读数。

(1)对中

对中的目的是使仪器的中心与测站的标志中心位于同一铅垂线上。对中方法如下：

①将仪器安置于测站点上，三个脚螺旋调至中间位置，架头大致水平。使光学对中器大致位于测站上，将三脚架踩牢。

②旋转光学对中器的目镜，看清分划板上的圆圈，拉或推动对中目镜，使测站点影像清晰。

③移动脚架或旋转脚螺旋，使光学对中器精确对准测站点。

(2)整平

整平的目的是使仪器的竖轴铅垂，水平度盘水平。整平方法如下：

①伸缩脚架，使圆水准气泡居中。

②使水准管气泡居中，先使水准管平行于两脚螺旋的连线，如图 2-9(a)所示。操作时，两手同时向内(或向外)旋转两个脚螺旋，使气泡居中。气泡移动方向和左手大拇指

转动的方向相同；然后将仪器绕竖轴旋转 90°，如图 2-9(b)所示，旋转另一个脚螺旋，使气泡居中。按上述方法反复进行，直至仪器旋转到任何位置时，水准管气泡都居中为止。

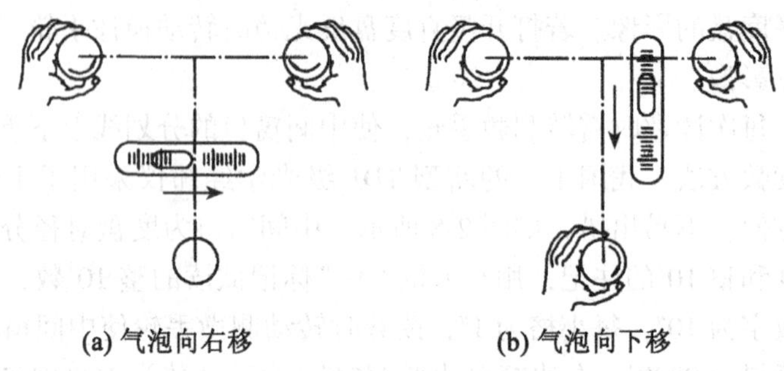

图 2-9 经纬仪水准管气泡居中操作示意图

上述两步技术操作称为经纬仪的安置工作。整平完后，要检查对中情况。如果光学对中器分划圈不在测站点上，应松开连接螺旋，在架头上平移仪器，使分划圈对准测站点。再伸缩脚架整平圆气泡，然后转脚螺旋使，水准气泡居中。对中、整平两项工作相互影响，应反复进行对中、整平切换工作，直至仪器整平后，光学对中器分划圈对准测站点为止。

(3)瞄准

经纬仪安置好后，用望远镜瞄准目标，首先将望远镜照准远处，调节对光螺旋，使十字丝清晰；然后旋松望远镜和照准部制动螺旋，用望远镜的光学瞄准器照准目标，转动物镜对光螺旋使目标影像清晰；而后旋紧望远镜和照准部的制动螺旋，通过旋转望远镜和照准部的微动螺旋，使十字丝交点对准目标，并观察有无视差，如有视差，应予以消除，具体方法与水准仪相同，即仔细转动物镜对光螺旋，直至尺像与十字丝平面重合。

(4)读数

打开读数反光镜，调节视场亮度，转动读数显微镜对光螺旋，使读数窗影像清晰可见。读数时，除分微尺型直接读数外，凡在支架上装有测微轮的，均需先转动测微轮，使中间窗口对径分划线重合后方能读数，最后将度盘读数加分微尺读数或测微尺读数，得到整个读数值。

二、水平角与竖直角观测

1. 水平角观测

在水平角观测中，为发现错误并提高测角精度，一般要用盘左和盘右两个位置进行观测。当观测者对着望远镜的目镜，竖盘在望远镜的左边时称为盘左位置，又称正镜；竖盘在望远镜的右边时称为盘右位置，又称倒镜。水平角观测一般采用测回法观测。测回法观测水平角操作方法如下：

设 O 为测站点，A、B 为观测目标，$\angle AOB$ 为观测角，如图 2-10 所示。先在 O 点安置仪器，进行整平、对中，然后按以下步骤进行观测：

(1)盘左位置

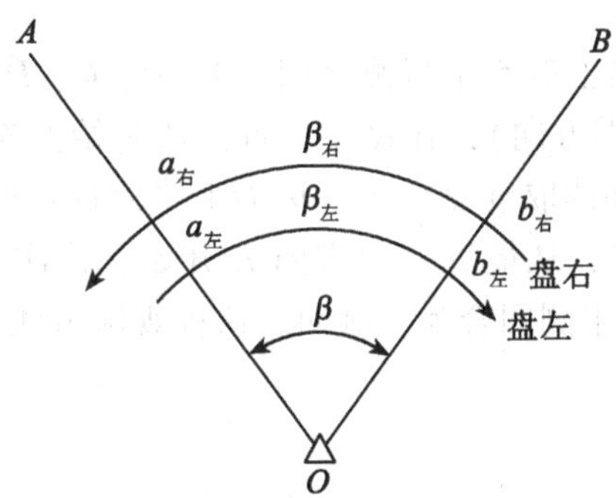

图 2-10　测回法观测水平角示意图

先照准左方目标，即后视点 A，读数为 $a_{左}$，并记入测回法测角记录表中，见表 2-1。然后顺时针转动照准部，照准右方目标，即前视点 B，读取水平度盘读数为 $b_{左}$，并记入记录表中。以上称为上半测回，其观测角值为

$$\beta_{左}=b_{左}-a_{左}$$

表 2-1　**测回法测角记录表**

测站	盘位	目标	水平度盘读数	水平角		备　注
				半测回角	测回角	
O	左	A	0°01′24″	60°49′06″	60°49′03″	A 60° 49′ 03″ B
		B	60°50′30″			
	右	A	180°01′30″	60°49′00″		
		B	240°50′30″			

(2)盘右位置

逆时针旋转照准部，先照准右方目标，即前视点 B，读取水平度盘读数 $b_{右}$，并记入记录表中。然后逆时针转动照准部，照准左方目标，即后视点 A，读取水平度盘读数为 $a_{右}$，并记入记录表中，得下半测回角值为

$$\beta_{右}=b_{右}-a_{右}$$

(3)上、下半测回合起来称为一测回

一般规定，用 DJ_6 级光学经纬仪进行观测，上、下半测回角值之差不超过 40″时，可取其平均值作为一测回的角值，即

$$\beta=\frac{1}{2}(\beta_{左}+\beta_{右}) \tag{2-3}$$

测回法观测水平角时，一般在盘左位置时使起始方向(即左目标)的水平度盘读数配置为略大于 0°的度数。对于 DJ_6 经纬仪，配数方法为：盘左位置瞄准左目标后，水平制动，拨动水平度盘拨盘手轮，使水平度盘读数略大于 0°即可，如表 2-1 中的 0°01′24″。

上面介绍的测回法是对两个方向的单角观测。如要观测三个及以上的方向，则采用方

向观测法进行观测。

如图 2-11 所示，若测站上有 5 个待测方向：*A*、*B*、*C*、*D*、*E*，选择其中的一个方向(如 *A*)作为起始方向(也称零方向)，在盘左位置，从起始方向 *A* 开始，按顺时针方向依次照准 *A*、*B*、*C*、*D*、*E*，并读取度盘读数，称为上半测回；然后纵转望远镜，在盘右位置按逆时针方向旋转照准部，从最后一个方向 *E* 开始，依次照准 *E*、*D*、*C*、*B*、*A* 并读数，称为下半测回。上、下半测回合为一测回。这种观测方法就叫做方向观测法(又叫方向法)。

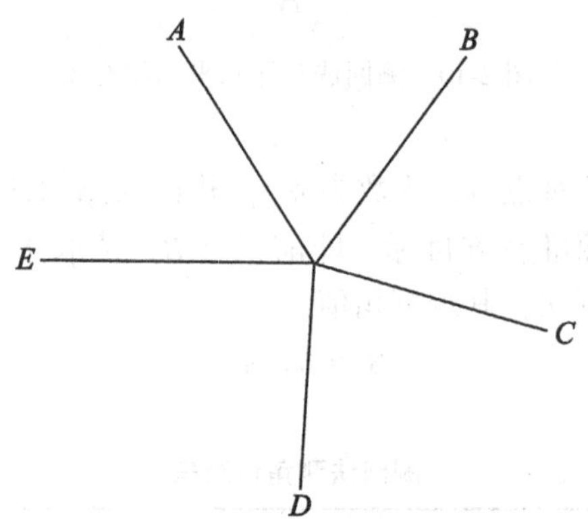

图 2-11 方向观测法

如果在上半测回照准最后一个方向 *E* 之后，继续按顺时针方向旋转照准部，重新照准零方向 *A* 并读数；下半测回也从零方向 *A* 开始，依次照准 *A*、*E*、*D*、*C*、*B*、*A* 并进行读数。这样，在每半测回中，都从零方向开始照准部旋转一整周，再闭合到零方向上的操作，叫做归零。通常把这种归零的方向观测法称为全圆方向法。习惯上把方向观测法和全圆方向法统称为方向观测法或方向法。当观测方向多于 3 个时，采用全圆方向法。

注意，为了提高测量精度，有时需要观测若干个测回，各测回的观测方法相同。但是为了减少度盘分划误差的影响，在各测回间应进行水平度盘的配置，按测回数 n，将度盘位置依次变换为$\frac{180°}{n}$。如观测三个测回，则各测回的起始读数应按 60°递增，即分别设置成略大于 0°、60°、120°。

2. 竖直角观测

(1)经纬仪竖直度盘的构造

竖直度盘垂直固定在望远镜旋转轴的一端，随望远镜的转动而转动。竖直度盘的分划与水平度盘基本相同，但其注记随仪器构造的不同，分为顺时针和逆时针两种形式，如图 2-12 所示。

(2)竖直度盘自动归零装置

目前，光学经纬仪普遍采用竖盘指标自动归零补偿器装置代替传统竖盘指标水准管，竖盘指标自动归零补偿器的作用是能消除仪器整平后的剩余误差给竖盘读数带来的影响。使用时，在仪器整平后，按一下按钮，竖盘刻线(读数窗中)互相摆开，然后缓慢回复到

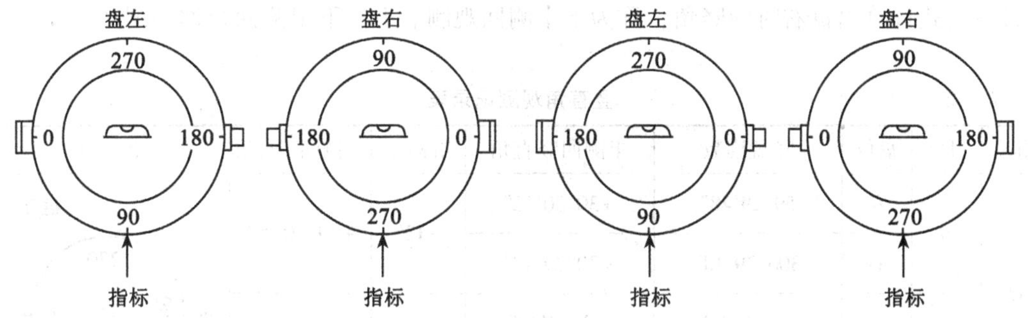

图 2-12 经纬仪竖直度盘构造示意图

初始位置。

竖直角的计算公式是当竖盘读数指标线处于正确位置时推导出的，即当视准轴水平时，竖盘指标线所指读数应为 90°倍数，称为始读数。当指标线所指的读数比始读数增大或减小一个角值x，称为竖盘指标差，也就是竖盘指标线位置不正确所引起的读数误差。竖盘指标差计算公式为

$$x = \frac{L + R - 360^\circ}{2}$$

竖盘指标差可以通过盘左、盘右观测取平均值予以抵消。

(3)竖直角的计算公式

当经纬仪在测站上安置好后，首先应依据竖盘的注记形式，推导出测定竖直角的计算公式，其具体做法如下：

①在盘左位置把望远镜大致置水平位置，这时竖盘读数值约为 90°(若置盘右位置约为 270°)，这个读数称为始读数。

②慢慢仰起望远镜物镜，观测竖盘读数(盘左时记作 L，盘右时记作 R)，并与始读数相比，是增加还是减少。

③以盘左为例，若 $L>90^\circ$，则竖角计算公式为

$$\alpha_{左} = L - 90^\circ$$

$$\alpha_{右} = 270^\circ - R$$

若 $L<90^\circ$，则竖角计算公式为

$$\alpha_{左} = 90^\circ - L$$

$$\alpha_{右} = R - 270^\circ$$

平均竖直角为

$$\alpha = \frac{\alpha_{左} + \alpha_{右}}{2} = \frac{R - L - 180^\circ}{2} \tag{2-4}$$

(4)竖直角观测方法

在测站上安置仪器，用下述方法测定竖直角：

①盘左位置：瞄准目标后，用十字丝横丝卡准目标的固定位置，打开竖盘自动归零按钮，读取竖盘读数 L，并记入竖直角观测记录表中，见表 2-2。用所推导好的竖角计算公式计算出盘左时的竖直角，上述观测称为上半测回观测。

②盘右位置：仍照准原目标，读取竖盘读数值 R，并记入记录表中。用所推导好的竖角计算公式计算出盘右时的竖角，称为下半测回观测。上、下半测回合称一测回。

表 2-2　　　　**竖直角观测记录表**

测站	目标	盘位	竖盘读数	半测回竖直角	指标差	一测回竖直角	备　注
O	M	左	59°29′48″	+30°30′12″	−12″	+30°30′00″	盘左
		右	300°29′48″	+30°29′48″			
	N	左	93°18′40″	−3°18′40″	−13″	−3°18′53″	
		右	266°40′54″	−3°19′06″			

③计算测回竖直角 α：

$$\alpha = \frac{\alpha_{左} + \alpha_{右}}{2}$$

$$或 \quad \alpha = \frac{R - L - 180°}{2} \tag{2-5}$$

④计算竖盘指标差 X：

$$X = \frac{\alpha_{左} + \alpha_{右}}{2}$$

$$或 \quad X = \frac{R + L - 360°}{2} \tag{2-6}$$

三、经纬仪的检校方法

为了保证测角的精度，经纬仪主要部件及轴系应满足下述几何条件，即照准部水准管轴应垂直于仪器竖轴（$LL \perp VV$）；十字丝纵丝应垂直于横轴；视准轴应垂直于横轴（$CC \perp HH$）；横轴应垂直于仪器竖轴（$HH \perp VV$）；竖盘指标差应为零；光学对中器的视准轴应与仪器竖轴重合。如图 2-13 所示。

由于仪器经过长期外业使用或长途运输及外界影响等，会使各轴线的几何关系发生变化，因此在使用前必须对仪器进行检验和校正。

1. 照准部水准管的检校

目的：当照准部水准管气泡居中时，应使水平度盘水平，竖轴铅垂。

检验方法：将仪器安置好后，使照准部水准管平行于一对脚螺旋的连线，转动这对脚螺旋，使气泡居中。再将照准部旋转 180°，若气泡仍居中，则说明条件满足，即水准管轴垂直于仪器竖轴，否则应进行校正。

校正方法：转动平行于水准管的两个脚螺旋，使气泡退回偏离零点的格数的一半，再用拨针拨动水准管校正螺丝，使气泡居中。

2. 十字丝竖丝的检校

目的：使十字丝竖丝垂直横轴。当横轴居于水平位置时，竖丝处于铅垂位置。

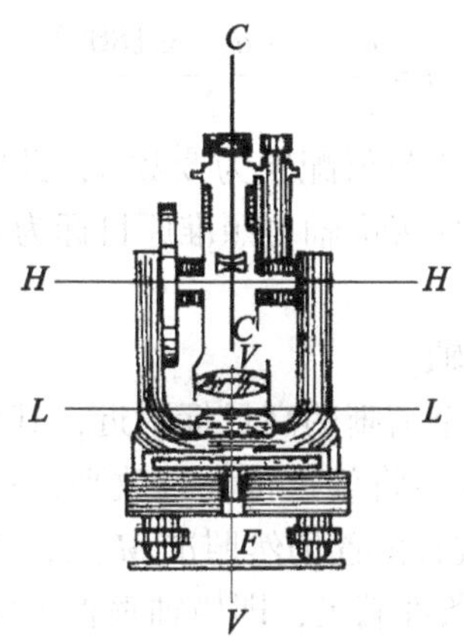

图 2-13 经纬仪轴线

检验方法：用十字丝竖丝的一端精确瞄准远处某点，固定水平制动螺旋和望远镜制动螺旋，慢慢转动望远镜微动螺旋。如果目标不离开竖丝，则说明此项条件满足，即十字丝竖丝垂直于横轴，否则需要校正。

校正方法：要使竖丝铅垂，就要转动十字丝板座或整个目镜部分。图 2-14 所示就是十字丝板座和仪器连接的结构示意图。校正时，首先旋松固定螺丝，转动十字丝板座，直至满足此项要求，然后再旋紧固定螺丝。

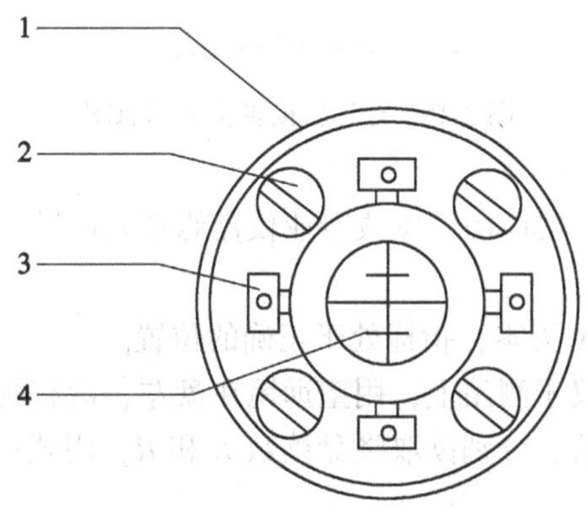

1—镜筒；2—压环固定螺丝；3—十字丝校正螺丝；4—十字丝分划板

图 2-14 十字丝板座示意图

3. 视准轴的检校

目的：使望远镜的视准轴垂直于横轴。视准轴不垂直于横轴的倾角 c 称为视准轴误差，也称为 $2c$ 误差，它是由于十字丝交点的位置不正确而产生的。

检验：选与视准轴近于水平的一点作为照准目标，盘左照准目标的读数为 $\alpha_{左}$，盘右再照准原目标的读数为 $\alpha_{右}$，如 $\alpha_{左}$ 与 $\alpha_{右}$ 不相差 180°，则表明视准轴不垂直于横轴，视准轴应进行校正。

校正：以盘右位置读数为准，计算两次读数的平均数 a，即

$$a=\frac{a_{右}+(a_{左}\pm180^\circ)}{2}$$

转动水平微动螺旋，将度盘读数值配置为读数 a，此时视准轴偏离了原照准的目标，然后拨动十字丝校正螺丝，直至使视准轴再照准原目标为止，即视准轴与横轴相垂直。

4. 横轴的检校

目的：使横轴垂直于仪器竖轴。

检验方法：将仪器安置在一个清晰的高目标附近，其仰角为30°左右。盘左位置照准高目标 M 点，固定水平制动螺旋，将望远镜大致放平，在墙上或横放的尺上标出 m_1 点，如图 2-15 所示。纵转望远镜，盘右位置仍然照准 M 点，放平望远镜，在墙上标出 m_2 点。如果 m_1 和 m_2 相重合，则说明此条件满足，即横轴垂直于仪器竖轴，否则需要进行校正。

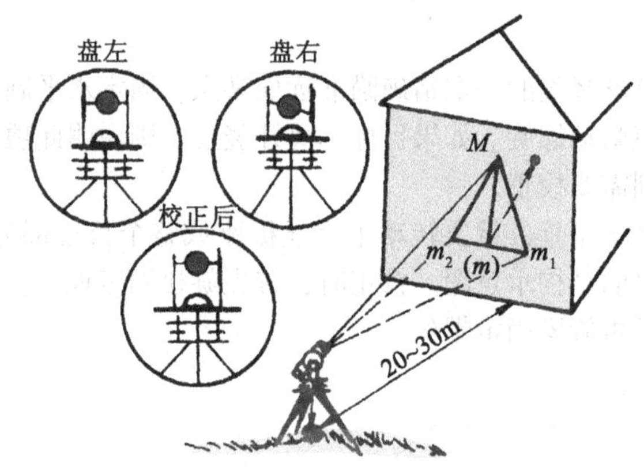

图 2-15 经纬仪横轴检验示意图

校正方法：此项校正一般应由厂家或专业仪器修理人员进行。

5. 竖盘指标差的检校

目的：使竖盘指标差 X 为零，指标处于正确的位置。

检验方法：安置经纬仪于测站上，用望远镜在盘左、盘右两个位置观测同一目标，当竖盘指标水准管气泡居中后，分别读取竖盘读数 L 和 R，用式(2-6)计算出指标差 X。如果 X 超过限差，则须校正。

校正方法：按式(2-5)求得正确的竖直角 α 后，不改变望远镜在盘右所照准的目标位置，转动竖盘指标水准管微动螺旋，根据竖盘刻划注记形式，在竖盘上配置竖角为 α 值时的盘右读数 R'($R'=270^\circ+\alpha$)，此时竖盘指标水准管气泡必然不居中，然后用拨针拨动竖盘指标水准管上、下校正螺丝，使气泡居中即可。对带补偿器的经纬仪，仅需调节补偿装置。

6. 光学对中器的检校

目的：使光学对中器视准轴与仪器竖轴重合。

检验方法：

①装置在照准部上的光学对中器的检验：精确地安置经纬仪，在脚架的中央地面上放

一张白纸，由光学对中器目镜观测，将光学对中器分划板的刻划中心标记于纸上，然后，水平旋转照准部，每隔120°用同样的方法在白纸上作出标记点，如三点重合，则说明此条件满足，否则需要进行校正。

②装置在基座上的光学对中器的检验：将仪器侧放在特制的夹具上，照准部固定不动，而使基座能自由旋转，在距离仪器不小于2m的墙壁上贴一张白纸，用上述同样的方法，转动基座，每隔120°在白纸上作出一标记点，若三点不重合，则需要校正。

校正方法：在白纸的三点构成误差三角形，绘出误差三角形外接圆的圆心。仪器的类型不同，校正部位也不同，有的校正转向直角棱镜，有的校正分划板，有的两者均可校正。校正时，均须通过拨动对点器上相应的校正螺丝，调整目标偏离量的一半，并反复1~2次，直到照准部转到任何位置观测时，目标都在中心圈以内为止。

必须指出，光学经纬仪这六项检验校正的顺序不能颠倒，而且照准部水准管轴垂直于仪器竖轴的检校是其他项目检验与校正的基础，这一条件不满足，其他几项检验与校正就不能正确进行。另外，竖轴不铅垂对测角的影响不能用盘左、盘右两个位置观测来消除，所以此项检验与校正也是主要的项目。其他几项，在一般情况下，有的对测角影响不大，有的可通过盘左、盘右两个位置观测来消除其对测角的影响，因此是次要的检校项目。

四、水平角测量误差分析

由于多种原因，任何测量结果中都不可避免地会含有误差。影响测量误差的因素可分为三类：仪器误差、观测误差、外界条件影响。分析各因素对误差的影响有助于在测量过程中尽可能减弱误差影响，预估影响大小，进而判定成果的可靠性。

1. 仪器误差

虽然仪器经过校正，各轴线处于理想状态，但由于长时间的使用和测量作业的特点，残余误差总会存在。前者是相对的，后者是绝对的。

主要仪器误差有以下几项：

(1)视准轴误差

这是由视准轴不垂直于横轴引起的误差。如图2-16所示，A、A'两点位于同一铅垂线，若OC不垂直于HH而存在一夹角c，则视线水平时瞄准A'点后，当照准部不动，望远镜纵转α角时，视线并不能瞄准A点。由于有c角的存在，视线划过一圆弧后瞄准C点，即A'与C两点水平度盘读数一样。这有悖于水平角的定义。

①分析：

c对方向读数的影响：

$$\tan x_c = \frac{A'C'}{OA'} = \frac{AC}{OA\cos\alpha} = \tan c \cdot \sec\alpha$$

由于x_c、c均很小，可认为$\tan x_c \approx x_c$，$\tan c \approx c$，故

$$x_c = c \cdot \sec\alpha$$

c对水平角值的影响：由于角度由两个方向构成，设两目标点A、B的竖直角分别为α_A、α_B，则c对水平角值的影响为：

$$\Delta x_c = x_{cB} - x_{cA} = c(\sec\alpha_B - \sec\alpha_A)$$

由上式可知，视准轴误差与c角及目标点的竖直角有关，c角越大、两目标点高差越

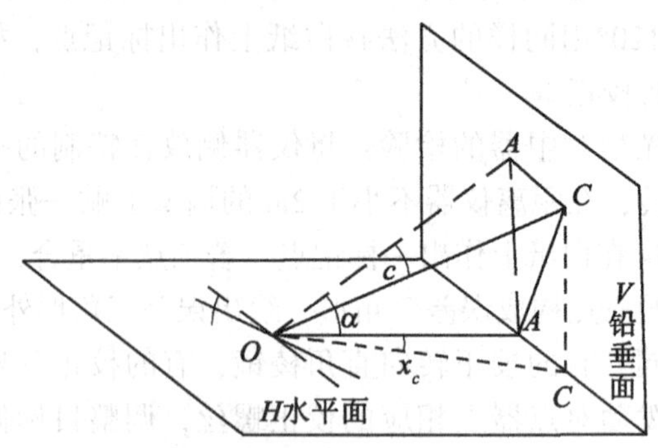

图 2-16　视准轴误差

大，则 Δx_c 越大，当 $\alpha_A=\alpha_B$时，$\Delta x_c=0$。

②消减措施：在一个测回中，盘左、盘右观测水平角时，x_c 值大小相等而符号相反，所以盘左、盘右观测取平均值，可自动抵消视准轴误差的影响。

(2)横轴误差

如图 2-16 所示，当横轴不垂直于竖轴时，与视准轴误差对水平角测量的影响类似。仪器整平后竖轴处于铅垂，而横轴必然倾斜，视线绕横轴旋转时形成一垂直于横轴的倾斜面 OAC，而非铅垂面 OAA'。它对水平度盘读数的影响为 x_i 。设横轴对于水平线的倾角为 i，则 $\angle A'AC=i$ 。

①分析：

i 对方向读数的影响：

$$\tan x_i=\frac{A'C}{OA'}=\frac{AA'\tan i}{oa'}=\tan i\cdot\tan\alpha$$

由于 x_i、 i 均很小，可认为 $\tan x_i\approx x_i$，$\tan i\approx i$， 故

$$x_i=i\cdot\tan\alpha$$

i 对水平角值的影响：由于角度由两个方向构成，设两目标点 A、B 的竖直角分别为 α_A，α_B， 则 i 对水平角值的影响为：

$$\Delta x_i=x_{iB}-x_{iA}=i(\tan\alpha_B-\tan\alpha_A)$$

由上式可知，横轴轴误差与 i 角及目标点的竖直角有关，i 角越大、两目标点高差越大，则 Δx_i 越大，当 $\alpha_A=\alpha_B$ 时，$\Delta x_i=0$。

②消减措施：在一个测回中，盘左、盘右观测水平角时，角值大小相等而符号相反，所以盘左、盘右观测取平均值，可自动抵消视准轴误差的影响。

(3)竖轴误差

①分析：若水准管轴与竖轴不垂直，则使 $CC\perp HH$，$HH\perp VV$，当水准气泡居中时，VV 并不垂直，HH 也不水平。但它与横轴误差的区别在于，因 VV 不垂直，盘左、盘右观测水平角时，HH 总是向一个方向倾斜，盘左、盘右观测取平均值并不能消除水准管轴的误差影响。

②消减措施：关键是保证竖轴铅垂。在某方向上使水准管气泡居中，然后使照准部旋转 180°，记录偏移量。用经纬仪整平的方法，使照准部在任何位置时气泡偏移量总是总

偏移量的$\frac{1}{2}$，这时 VV 即处于铅垂状态。

(4)照准部偏心误差

照准部偏心误差是指水平度盘的刻划中心与照准部的旋转中心不重合而产生的误差。如图 2-17 所示，当两中心重合时，盘左瞄准某一方向的正确读数为 a_1，盘右瞄准同一方向的正确读数为 a_2。但当有照准部偏心误差存在时，照准部旋转中心 O'就偏离水平度盘分划中心 O，此时盘左、盘右的读数为 a_1'、a_2'，与正确读数 a_1、a_2各相差一个 x，并且符号相反。因此，对于单指标读数的 DJ_6级光学经纬仪，取同一方向盘左、盘右观测的平均值，即可消除此项影响。由于 DJ_2级仪器采用了对径符号读数装置，在读数中已消除照准部偏心差的影响。

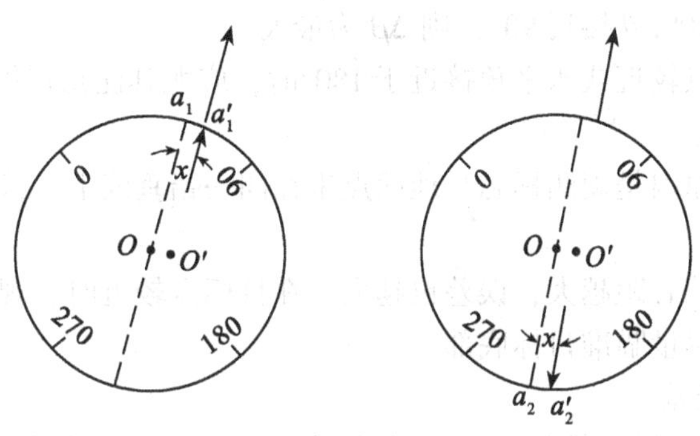

图 2-17

(5)光学对中器误差

该误差导致测站偏心，其影响在观测误差中详述。

2. 观测误差

由于操作仪器不够细心以及眼睛分辨率及仪器性能的客观限制，不可避免地在观测中会带有误差。

(1)测站偏心误差

观测水平角时，对中不准确使得仪器中心与测站点的标志中心不在同一铅垂线上，造成测站偏心。

如图 2-18 所示，设 O 为地面点，O' 为仪器中心，e 为测站偏心距，β 为实际水平角，β' 为所测水平角，过 O 点分别作平行于 $O'A$ 和 $O'B$ 的平行线，则

$$\Delta\beta = \beta' - \beta = \delta_1 + \delta_2$$

因 δ_1，δ_2很小，故有

$$\delta_1 \approx \sin\delta_2 = \frac{e\sin\theta}{S_{OA}}\rho''$$

$$\delta_2 \approx \sin\delta_2 \frac{e\sin(\beta' - \theta)}{S_{OB}}\rho''$$

因此

$$\Delta\beta = e\left(\frac{\sin\theta}{S_{OA}} + \frac{\sin(\beta' - \theta)}{S_{OB}}\right)\rho''$$

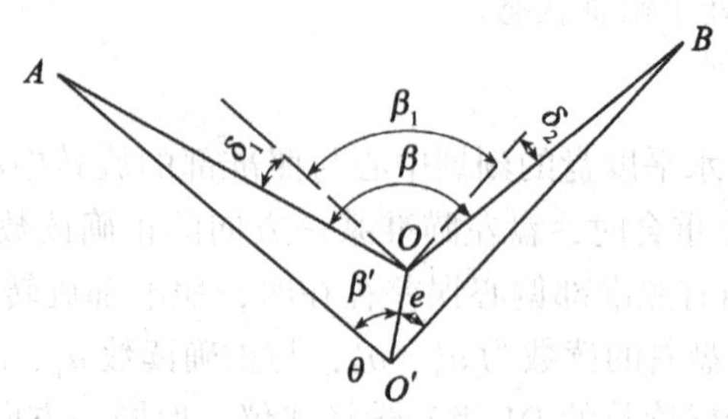

图 2-18

根据上式，当β'、θ一定时，$\Delta\beta \propto e$；当e、θ一定时，边长S越短，则$\Delta\beta$越大；当e、S一定时，若β'接近180°，θ接近90°，则$\Delta\beta$为最大。

由此可知，目标点较近或水平角接近于180°时，应尤其注意仔细对中。

(2)目标偏心误差

造成目标偏心的原因是观测标志与地面点未在同一铅垂线上，致使视线偏移。其影响类似于测站偏心。

不难理解，目标偏心距越大，误差也越大。在目标点较近时，观测标志应尽可能使用垂球，并仔细瞄准，尽量瞄准目标底部。

(3)照准及读数误差

照准目标时应仔细操作，用单丝切取目标中央，或用双丝夹中目标。认真估读，DJ_6级经纬仪估读时应特别注意。

3. 外界条件的影响

观测都是在一定的条件下进行的，外界条件对观测质量有直接影响，如松软的土壤和大风影响仪器的稳定；日晒和温度变化影响水准管气泡的运动；大气层受地面热辐射的影响会引起目标影像的跳动，等等，这些都会给观测水平角带来误差。因此，要选择目标成像清晰稳定，有利时间观测，就要设法克服或避开不利条件的影响，以提高观测成果的质量。

4. 注意事项

①仪器要稳定，防止仪器的不均匀下沉。测站应选在土质坚实的地方，要踩实三脚架使其稳定，观测时不要碰动三脚架。

②对中要准确，安置仪器时应仔细对中。当视线短时，对中误差不应超过3mm；当水平角接近180°时，在与短边垂直方向上对中尤其要严格。

③整平要仔细。一般规定在观测过程中水准管气泡偏离中央不应大于半格，若偏离超过一格，则应重新整平；当观测目标的竖直角很大时，更要注意仪器的整平。

④目标要照准。观测时应尽量照准标志中心或目标的底部；后视要选在长边上，对光要仔细，注意消除视差。

⑤操作要规范。用测微轮时，要用同一方向进行符合；强光时，要给仪器打伞，选择在天气比较稳定和清晰的条件下进行观测。

⑥估读要准确。要记住所用仪器的度盘注记形式，精确估读尾数。

⑦观测要校核。为了消除视准轴不垂直横轴以及横轴不垂直竖轴对测角的影响，应采取盘左和盘右两次观测，误差在允许范围内，取平均值作为观测成果。

工作任务2 用罗盘仪测定直线方向

在新布设的平面控制网中，至少需要已知一条边的坐标方位角，才可以确定控制网的方向，简称定向；至少需要已知一个点的平面坐标，才可以确定控制网的位置，简称定位。因此，布设导线平面控制网时，如果已知网中一点的坐标及该点至另一点的边的方位角，或已知网中两点的坐标，即可将控制网进行定位和定向。因此，“一点坐标及一边方位角”或“两点坐标”称为导线控制网的必要起算数据。在小地区建立平面控制网时，一般是与该地区已有大地控制网或城市控制网连测，以取得起算数据，即起始点的坐标和起始边的方位角，进行控制网的定位和定向。如果测区附近没有高级控制点可以连接，称为独立测区，则用罗盘仪施测导线起始边的磁方位角，并假定起始点的坐标作为起算数据。

一、直线方向的表示方法

为了确定地面点的平面位置，不但要已知直线的长度，并且要已知直线的方向。直线的方向也是确定地面点位置的基本要素之一，所以直线方向的测量也是基本的测量工作。要确定直线方向，首先要有一个共同的基本方向，还要有一定的方法来确定直线与基本方向之间的角度关系。

确定直线方向与标准方向之间的关系称为直线定向。要确定直线的方向，首先要选定一个标准方向作为直线定向的依据，然后测出这条直线方向与标准方向之间的水平角，直线的方向便可确定。在测量工作中，以子午线方向为标准方向。子午线分真子午线、磁子午线和轴子午线三种。

1. 标准方向线的种类

标准方向线应有明确的定义，并在一定区域的每一点上能够唯一确定。在测量中，经常采用的标准方向有三种，即真子午线方向、磁子午线方向和坐标纵轴方向。

(1)真子午线方向

过地球上某点及地球的北极和南极的半个大圆称为该点的真子午线；通过该点真子午线的切线方向称为该点的真子午线方向，它指出地面上某点的真北和真南方向。真子午线方向是用天文测量方法或用陀螺经纬仪来测定的。由于地球上各点的真子午线都收敛于两极，所以地面上不同经度的两点，其真子午线方向是不平行的。两点真子午线方向间的夹角称为子午线收敛角。如图2-19所示，设A、B为位于同一纬度上的两点，其子午线收敛角可用如下公式近似计算：

$$\gamma = \rho \cdot \frac{S}{R}\tan\varphi$$

式中：ρ取206 265"；R为地球的半径，取6371km；S为高斯平面直角坐标系中两点的横坐标(y)之差；φ为两点的平均纬度。

(2)磁子午线方向

自由悬浮的磁针静止时，磁针北极所指的方向是磁子午线方向，又称磁北方向。磁子

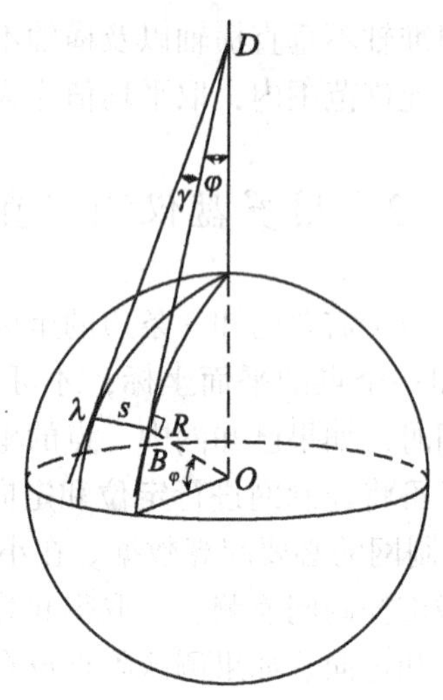

图 2-19 子午线收敛角

午线方向可用罗盘仪来测定。由于地球南北极与地磁场南北极不重合，故真子午线方向与磁子午线方向也不重合，它们之间的夹角为 δ，称为磁偏角，如图 2-20 所示。磁子午线北端在真子午线东时，为东偏，其符号为正；在西时，为西偏，其符号为负。磁偏角 δ 的符号和大小因地而异，在我国，磁偏角的变化约在+6°(西北地区)到 10°(东北地区)之间。

(3)坐标纵轴方向

由于地面上任何两点的真子午线方向和磁子午线方向都不平行，这会给直线方向的计算带来不便。采用坐标纵轴作为标准方向，在同一坐标系中任何点的坐标纵轴方向都是平行的，这给使用上带来极大方便。因此，在平面直角坐标系中，一般采用坐标纵轴作为标准方向，称为坐标纵轴方向，又称为坐标北方向。前已述及，我国采用高斯平面直角坐标系，在每个 6 带或 3 带都以该带的中央子午线作为坐标纵轴。如采用假定坐标系，则用假定的坐标纵轴(x 轴)。如图 2-21 所示，以过 O 点的真子午线作为坐标纵轴，任意点 A 或 B 的真子午线方向与坐标纵轴方向间的夹角就是任意点与 O 点间的子午线收敛角 γ，当坐标纵轴方向的北端偏向真子午线方向以东时，γ 定为正值；偏向西时，γ 定为负值。

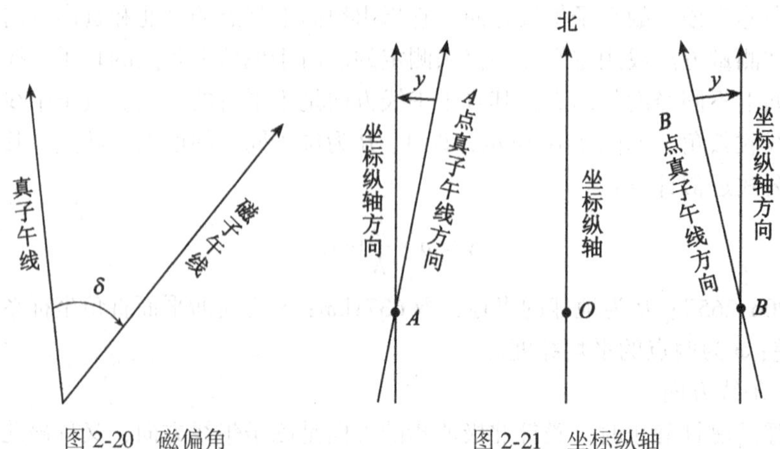

图 2-20 磁偏角

图 2-21 坐标纵轴

2. 直线方向的表示法

直线方向常用方位角来表示。方位角就是以标准方向为起始方向顺时针转到该直线的水平夹角，所以方位角的取值范围是0°~360°。如图2-22(a)所示，直线OM的方位角为A_{OM}；直线OP的方位角为A_{OP}。

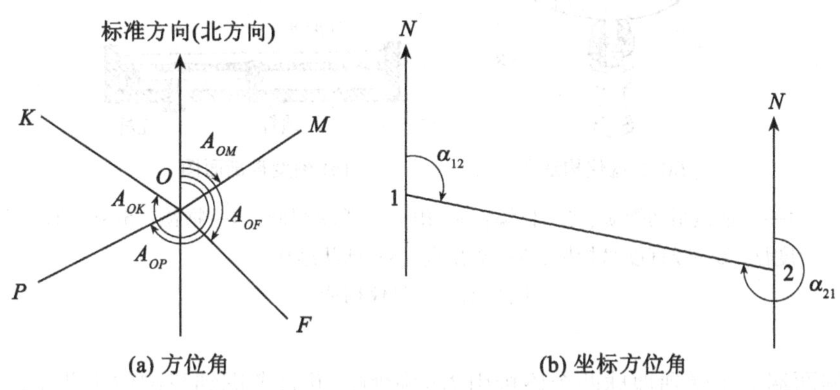

图2-22 方位角

以真子午线方向为标准方向(简称真北)的方位角称为真方位角，用A表示；以磁子午线方向为标准方向(简称磁北)的方位角称为磁方位角，用A_m表示；以坐标纵轴方向为标准方向(简称轴北)的方位角称为坐标方位角，以α表示。

每条直线段都有两个端点，若直线段从起点1到终点2为直线的前进方向，则在起点1处的坐标方位角α_{12}为正方位角，在终点2处的坐标方位角α_{21}为反方位角。从图2-22(b)中可看出，同一直线段的正、反坐标方位角相差为180°，即

$$\alpha_{12}\alpha_{21}\pm 180°$$

二、罗盘仪的操作与使用

1. 罗盘仪的构造

罗盘仪是利用磁针确定直线方向的一种仪器，通常用于独立测区的近似定向以及林区线路的勘测定向。图2-23(a)为DQL-1型罗盘仪构造图，它主要由望远镜、罗盘盒、基座三部分组成。

望远镜是瞄准部件，由物镜、十字丝、目镜所组成。使用时，转动目镜看清十字丝，用望远镜照准目标，转动物镜对光螺旋，使目标影像清晰，并以十字丝交点对准该目标。望远镜一侧装置有竖直度盘，可测量目标点的竖直角。

罗盘盒如图2-23(b)所示，盒内磁针安在度盘中心顶针上，自由转动，为减少顶针的磨损，不用时，用磁针制动螺旋将磁针托起，固定在玻璃盖上。刻度盘的最小分划为30′，每隔10°有一注记，按逆时针方向由0°到360°，盘内注有N(北)、S(南)、E(东)、W(西)，盒内有两个水准器用来使该度盘水平。基座是球状结构，安在三脚架上，松开球状接头螺旋，转动罗盘盒，使水准气泡居中，再旋紧球状接头螺旋，此时度盘处于水平位置。

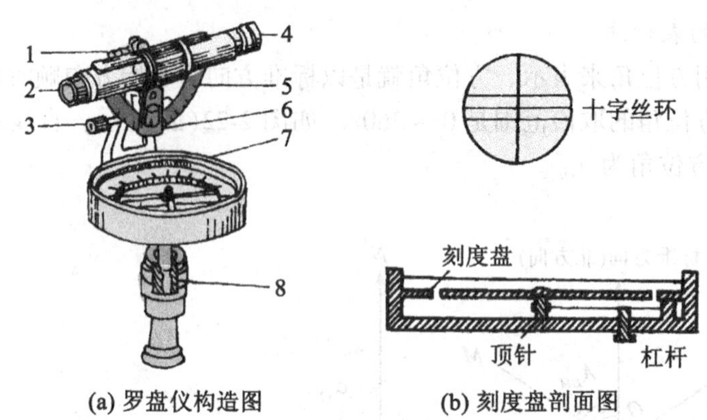

1—望远镜制动螺旋；2—目镜；3—望远镜微动螺旋；4—物镜；5—竖直度盘；6—竖直度盘指标；7—罗盘盒；8—球状结构

图 2-23 罗盘仪构造

磁针的两端由于受到地球两个磁极引力的影响，并且考虑到我国位于北半球，所以磁针北端要向下倾斜，为了使磁针水平，常在磁针南端加上几圈铜丝，以达到平衡的目的。

2. 罗盘仪的使用

要测定一条直线的磁方位角，先将罗盘仪置于直线一端点，进行对中整平，照准直线另一端点后，放松磁针，制动磁针。待磁针静止后，磁针在刻度盘上所指的读数即为该直线的磁方位角。其读数方法是：当望远镜的物镜在刻度圈 0°上方时，应按磁针北端读数。如图 2-24 所示，*OM* 直线的磁方位角为 240°。

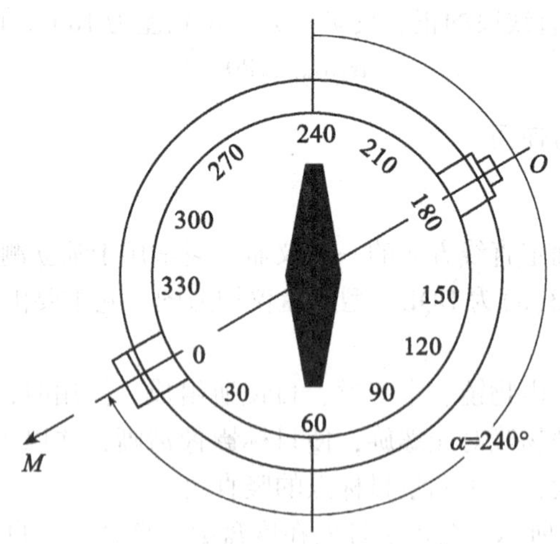

图 2-24 罗盘读数示意图

使用罗盘仪时，周围不能有任何铁器，以免影响磁针位置的正确性。在铁路附近和高压电塔下以及雷雨天观测时，磁针的读数将会受到很大影响，应该注意避免。测量结束时，必须旋紧磁针制动螺旋，避免顶针磨损，以保护磁针的灵活性。

工作任务3 用全站仪完成距离及角度测量

距离是确定地面点位置的基本要素之一，测量上要求的距离是指两点间的水平距离(简称平距)，如图2-25所示，$A'B'$的长度就代表了地面点A、B之间的水平距离。若测得的是倾斜距离(简称斜距)，需将其改算为平距。水平距离测量的方法很多，按所用测距工具的不同，测量距离的方法一般有钢尺量距、视距测量、光电测距等。钢尺量距，其工具简单，但易受地形限制，一般适用于平坦地区的测距。视距测量能克服地形条件限制，但其测距精度低于钢尺量距，且随着所测距离的增大精度大大降低，适合于低精度的近距离测量。电磁波测距操作轻便、效率高、测距精度高，目前已普遍应用于各种工程测量中，尤其是在导线控制测量中，多采用全站仪量边、测角。

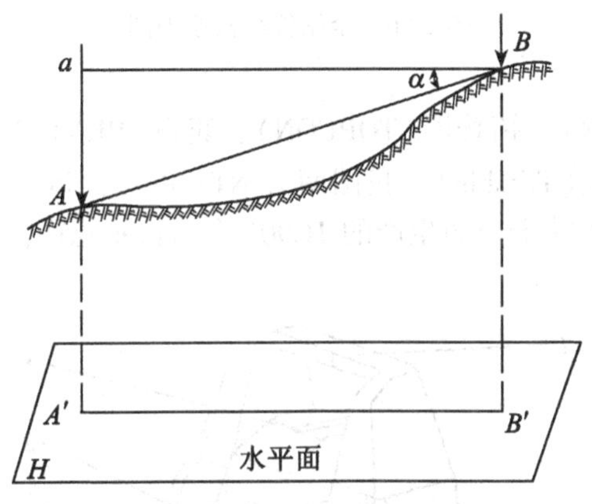

图2-25 两点间的水平距离

一、全站仪基本功能

1. 全站仪概述

全站型电子速测仪简称全站仪，是一种可以同时进行角度(水平角、竖直角)测量、距离(斜距、平距、高差)测量和数据处理的由机械、光学、电子元件组合而成的测量仪器。由于只需一次安置，仪器便可以完成测站上所有的测量工作，故称为全站仪。

全站仪的结构原理如图2-26所示。图中上半部分包含测量的四大光电系统，即水平角测量系统、竖直角测量系统、水平补偿系统和测距系统。通过键盘可以输入操作指令、数据和设置参数。以上各系统通过I/O接口接入总线与微处理机联系起来。

微处理机(CPU)是全站仪的核心部件，主要有寄存器系列(缓冲寄存器、数据寄存器、指令寄存器)、运算器和控制器组成。微处理机的主要功能是根据键盘指令启动仪器进行测量工作，执行测量过程中的检核和数据传输、处理、显示、储存等工作保证整个光电测量工作有条不紊地进行。输入输出设备是与外部设备连接的装置(接口)，输入输出设备使全站仪能与磁卡和微机等设备交互通信、传输数据。

目前，世界上许多著名的测绘仪器生产厂商均生产有各种型号的全站仪，如日本索佳

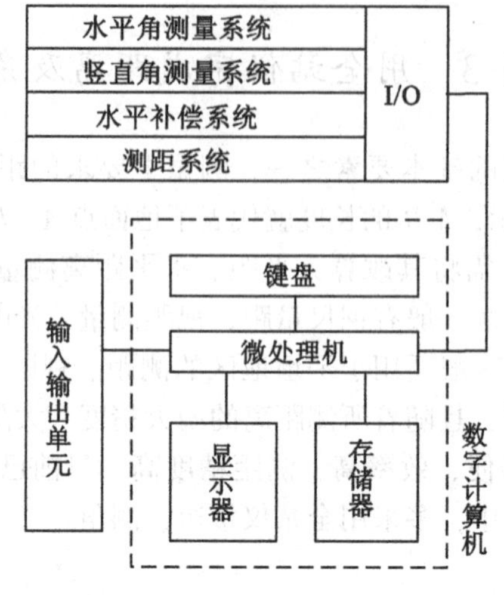

图 2-26 全站仪结构原理图

(SOKKIA)、尼康(NIKON)、拓普康(TOPCON)、宾得(PENTAX),瑞士徕卡(Leica,德国蔡司(Zeiss),美国天宝(Trimble),我国南方 NTS 系列、苏一光 OTS 系列、RTS 系列,等等。图 2-27 所示是瑞士徕卡公司生产的 TC905 全站仪示意图。

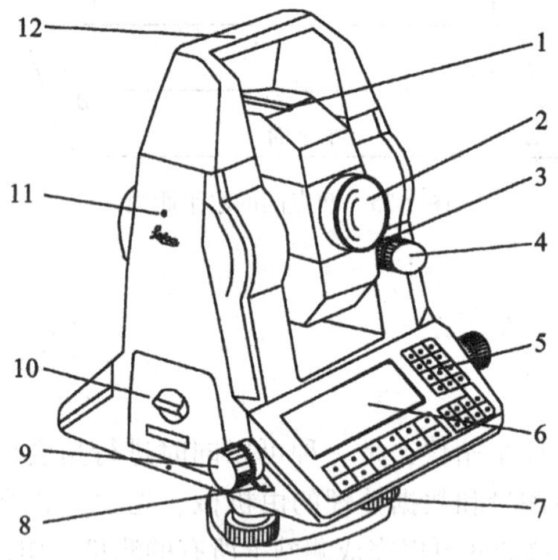

1—瞄准器;2—望远镜物镜;3—望远镜制动扳手;4—望远镜微动螺旋;5—键盘;6—显示窗;7—脚螺旋;8—水平制动扳手;9—水平微动螺旋;10—电池;11—仪器横轴中心标志;12—提手

图 2-27 TC905 全站仪示意图

2. 全站仪测角、测距功能

全站仪的基本测量功能有角度(水平角、竖直角)测量、距离测量、坐标测量。这里仅介绍测角与测距功能。

(1)水平角测量

全站仪利用光电转换原理和微处理机，自动对度盘进行读数并显示出来，使观测时操作简单、避免产生读数误差。一般操作过程如下：

①按角度测量键，使全站仪处于角度测量模式，照准第一个目标 A。

②设置 A 方向的水平度盘读数为 0°00′00″。

③照准第二个目标 B，此时显示的水平度盘读数即为两方向间的水平夹角。

(2)距离测量

目前，由于光电技术，特别是微电子技术的飞速发展，光电测距已成为测量距离的主要方法。全站仪即采用光电测距原理进行距离测量。

光电测距的基本工作原理是利用已知光速 c，测定它在两点间传播的时间 t，计算距离。如图2-28所示，用全站仪测定 A、B 两点间的距离，在 A 点安置全站仪，在 B 点安置棱镜。由全站仪发出的调制光波，经过距离 D 到达棱镜，经棱镜反射后回到仪器接收系统。如果能测出调制光波在距离 D 往返传播的时间 t，则距离 D 按下式计算：

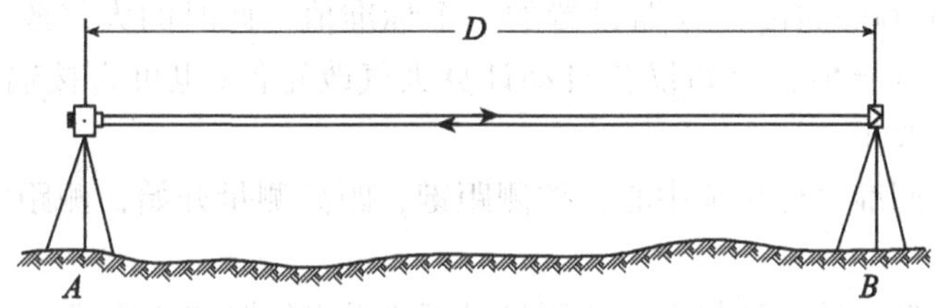

图2-28 光电测距示意图

$$D=\frac{1}{2}ct \tag{2-7}$$

式中：c 为调制光在大气中的传播速度。

目前，要想直接通过测定时间 t 来达到较高的测距精度是很难做到的，因此采用间接测距的方法，即通过测定连续调制光信号在测线上往返传播的相位差进行测距，称为相位法测距。光电测距系统多以砷化镓发光二极管作为光源，给发光二极管加上频率为 f 的交变电流，其发出光的强度也按频率 f 发生变化，这种光称为调制光。通过测量连续的调制光信号在待测距离上往返传播所产生的相位变化来间接地测定信号播的时间，从而求得被测距离。

下面介绍水平距离和高差测量。如图2-29所示，在 A 点安置全站仪，B 点安置棱镜，全站仪可根据测得的斜距 S 和视线方向的竖直角 α，自动计算水平距离 D 和高差 h：

$$D = S \cdot \cos\alpha \tag{2-8}$$

$$h = S \cdot \sin\alpha + h_i - h_r \tag{2-9}$$

或 $$h = D \cdot \tan\alpha + h_i - h_r \tag{2-10}$$

式中：h_i 为仪器高；h_r 为棱镜高。

以上公式是未考虑大气折光和地球曲率改正时的计算公式，全站仪在进行距离测量时，已顾及到大气折光和地球曲率改正，大气折光和地球曲率改正均由全站仪自行完成。一般操作过程如下：

①设置棱镜常数：测距前，须将棱镜常数(一般，PRISM＝0(原配棱镜)，－30mm(国

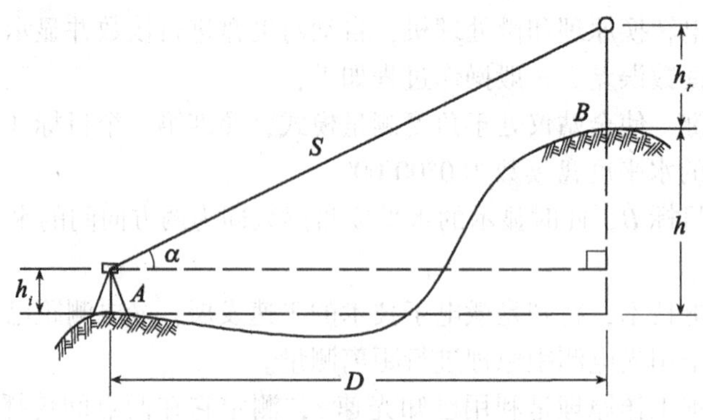

图 2-29 光电测距平距及高差测量示意图

产棱镜))输入仪器中，仪器会自动对所测距离进行改正。

②设置大气改正值或气温、气压值：光在大气中的传播速度会随大气的温度和气压变化而变化，15℃和760mmHg是仪器设置的一个标准值，此时的大气改正为0ppm。实测时，可输入温度和气压值，全站仪会自动计算大气改正值(也可直接输入大气改正值)，并对测距结果进行改正。

③距离测量：照准目标棱镜中心，按测距键，距离测量开始，测距完成时显示斜距、平距、高差。

应注意，有些型号的全站仪在距离测量时不能设定仪器高和棱镜高，显示的高差值是全站仪横轴中心与棱镜中心的高差。

二、全站仪操作与使用

1. 测量前准备工作

不同型号的全站仪，其具体操作方法会有较大的差异。但在测量前一般应完成以下准备工作：

(1)装入电池

在测量前，应首先检查内部电池充电情况。如电量不足，要及时充电。测量时，将电池装上使用，测量结束后，应卸下电池。

(2)安置仪器

将全站仪连接到三脚架上，对中并整平。多数全站仪有双轴补偿功能，所以仪器整平后，在观测过程中，即使气泡稍有偏离，对观测也无影响。

(3)开机

按POWER键或ON键，开机后仪器进行自检，自检结束后进入测量状态。有的全站仪自检结束后需设置水平度盘与竖盘指标，设置水平度盘指标的方法是旋转照准部，听到鸣响即设置完成；设置竖盘指标的方法是纵转望远镜，听到鸣响即设置完成。设置完成后，显示窗才能显示水平度盘与竖直度盘的读数。

(4)设置参数

根据测量的具体要求，测前应通过仪器的键盘操作来选择和设置参数，主要包括观测条件参数设置、距离测量中的模式选择、通信条件参数的设置和计量单位的设置。

2. 全站仪的基本操作与使用方法

下面以拓普康(TOPCON)GTS-3000N 系列全站仪为例，来详细介绍全站仪操作过程与使用方法。

(1)技术规格

①距离测量测程如图 2-30 所示。

目标		天气状况 低强度阳光、没有热闪烁
白色表面		1.5m 到 250m
测量精度	1.5m-25m	±10mm
	25m到更远	±5mm

(a)无棱镜模式

目标	天气状况 薄雾、能见度约 20km、中等阳光、稍有闪烁
1 块棱镜	3000m
测量精度	±(3mm+2ppm · D) (D：距离 单位 km)

(b)棱镜模式

图 2-30

②电子角度测量：

精度(标准差)

GPT-3002N 2"

GPT-3005N 5"

GPT-3007N 7"

测量时间 小于 0.3s

倾斜改正补偿范围 ±3′

(2)各部件名称(图 2-31)

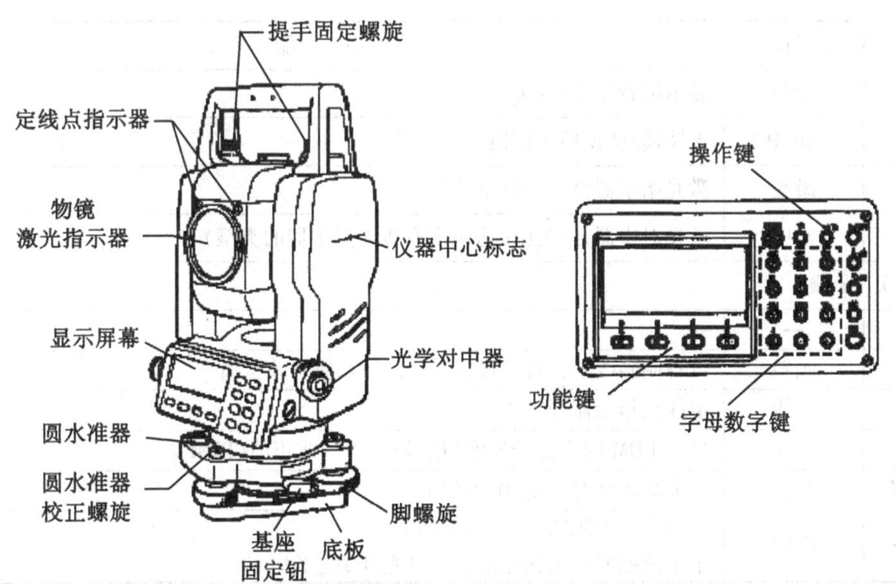

图 2-31 拓普康 3000N 全站仪

(3)键盘介绍(表2-3)

表2-3

键	名称	功能
★	星键	星键模式用于如下项目的设置或显示： 显示屏幕对比度；十字丝照明；背景光；倾斜改正；定线点指示器；设置音响效果
(坐标轴符号)	坐标测量键	坐标测量模式
◢	距离测量键	距离测量模式
ANG	角度测量键	角度测量模式
POWER	电源键	电源开关
MENU	菜单键	在菜单模式和正常测量模式之间切换，在菜单模式下可设置应用测量与照明调节，仪器系统误差纠正
ESC	退出键	·返回测量模式或上一层模式 ·从正常测量模式直接进入数据采集模式或放样模式 ·也可用作正常测量模式下的记录键 设置退出键功能需要按住[F2]键开机，在模式设置中更改
ENT	确认键	在输入值之后按此键
F1—F4	软键(功能键)	对应于显示的软键功能信息

星键模式：按下(★)键可以看到表2-4所列仪器选项，并进行设置。

表2-4

键	显示符号	功能
F1	照明	显示屏背景光开/关
F2	NP/P	无棱镜/棱镜模式切换
F3	激光	激光指示器打开/闪烁/关闭
F4	对中	激光对中器开/关(仅适用于有激光对中器的类型)
再按一次(★)键		
F1	—	—
F2	倾斜	设置倾斜改正，若设置为开，则显示倾斜改正值
F3	定线	定线点指示器开/关
F4	S/A	显示EDM回光信号强度(信号)、大气改正值(PPM)
▲ ▼	黑白	调节显示屏对比度(0~9级)
◀ ▶	亮度	调节十字丝照明亮度(1~9级) 十字丝照明开关和显示屏背景光开关是连通的

(4)角度测量

①各个按键功能：水平角(右角)和垂直角测量在角度测量模式下进行(表2-5)。

表2-5

屏幕显示页数	软键	显示符号	功能
1	F1	置零	水平角置为0°00′00″
	F2	锁定	水平角读数锁定
	F3	置盘	通过键盘输入数字设置水平角
	F4	P1↓	显示第2页软键功能
2	F1	倾斜	设置倾斜改正开或关，若选择开，即显示倾斜改正值
	F2	复测	角度重复测量模式
	F3	V%	垂直角百分比坡度(%)显示
	F4	P2↓	显示第3页软键功能
3	F1	H-蜂鸣	仪器每转动水平角90°是否要发出蜂鸣声的设置
	F2	R/L	水平角右/左计数方向的转换
	F3	竖盘	垂直角显示格式(高度角/天顶距)的切换
	F4	P3↓	显示下一页(第1页)软键功能

②操作过程，如图2-32所示。

操作过程	操作	显示
(1)照准第一个目标A	照准A	V: 90° 10′ 20″ HR: 122° 09′ 30″ 置零 锁定 置盘 P1
2)设置目标A的水平角为0°00′00″，按[F1](置零)键和(是)键	[F1]	水平角置零 >OK? — — [是] [否]
	[F3]	V: 90° 10′ 20″ HR: 0° 00′ 00″ 置零 锁定 置盘 P1
(3)照准第二个目标B，显示目标B的V/H	照准目标B	V: 98° 36′ 20″ HR: 160° 40′ 20″ 置零 锁定 置盘 P1

图2-32

(5)距离测量

①各个按键功能：详见表 2-6。

表 2-6

屏幕显示页数	软键	显示符号	功 能
1	F1	测量	启动测量
	F2	模式	设置测距模式精测/粗测/跟踪
	F3	NP/P	无/有棱镜模式切换
	F4	P1↓	显示第 2 页软键功能
2	F1	偏心	偏心测量模式
	F2	放样	放样测量模式
	F3	S/A	设置音响模式
	F4	P2↓	显示第 3 页软键功能
3	F2	m/f/i	米、英呎或者英呎、英寸单位的变换
	F4	P3↓	显示第 1 页软键功能

②大气改正的设置：本仪器标准状态为温度 15℃、气压 1013.25hPA 时大气改正为 0ppm，可以通过直接设置温度和气压值的方法进行设置。

在距离测量模式第 2 页，按[F3](S/A)键，选择(T-P)，按[F1](输入)键输入温度和大气压。

③棱镜常数的设置：拓普康棱镜常数为 0，棱镜改正为 0。在无棱镜模式下测量，确认无棱镜常数改正设置为 0。

在距离测量模式第 2 页，按[F3](S/A)键，选择[F1](棱镜)键，按上、下键选择有无棱镜常数，按[F1](输入)键输入棱镜常数。

④距离测量：确认处于测角模式。按距离测量键(◢)，即可进行距离测量，屏幕上显示 HR、HD、V，再按一次距离测量键，屏幕上则显示 HR、V、SD。

提示 1：当光电测距(EDM)在工作时，“ * ”标志会出现显示窗。

提示 2：要从距离测量模式返回到正常的角度测量模式下，可按[ANG]键

⑤精测模式、跟踪模式、粗测模式：在距离测量模式下，选择[F2](模式)键，进行精测、跟踪、粗测模式的选择。

精测模式(F)为正常模式。跟踪模式(T)观测时间比精测模式短，在跟踪移动的目标或放样时用。粗测模式(C)观测时间比精测模式短。

⑥N 次距离测量：在测量模式下可设置 N 次测量模式或者连续测量模式。同时按[F2]+[POWER]开机进入选择模式下的模式设置状态第 2 页，选择[F2]键进行 N 次设置重复测量。通过[F3](测量次数)键设置测量次数。按下距离测量键开始连续测量，连续测量不需要时，按[F1]测量键，屏幕上显示平均值。

3. 全站仪使用注意事项

全站仪是一种结构复杂、价格昂贵的先进测量仪器，因此必须严格遵守操作规程，正

确使用。

(1)使用注意事项

①仪器如果是首次使用，应结合仪器认真阅读仪器使用说明书。通过反复学习、使用和总结，力求做到得心应手，最大限度地发挥仪器的作用。

②测距仪的测距头不能直接照准太阳，以免损坏测距的发光二极管。

③在阳光下或阴雨天气进行作业时，应打伞遮阳、遮雨。

④在整个操作过程中，观测者不得离开仪器，以免发生意外事故。

⑤仪器应保持干燥，遇雨后应将仪器擦干，放在通风处，完全晾干后才能装箱。

⑥全站仪在迁站时，即使很近，也应取下仪器装箱。

⑦运输过程中必须注意防震，长途运输最好装在原包装箱内。

(2)仪器的保养

①仪器应经常保持清洁，用完后使用毛刷、软布将仪器上落的灰尘除去。镜头不要用手去摸，如果脏了，可用吹风器吹去浮尘，再用镜头纸擦净。如果仪器出现故障，应与厂家或厂家委托维修部联系修理，不可随意拆卸仪器，造成不应有的损害。仪器应放在清洁、干燥、安全的房间内，并有专人保管。

②棱镜应保持干净，不用时要放在安全的地方，如有箱子，则应装在箱内，以避免碰坏。

③电池充电应按说明书的要求进行。

工作任务4　用全站仪完成一条导线测量

一、导线测量的外业工作及精度要求

1. 导线的布设形式

根据测区的情况和要求，导线可以布设成以下几种常用形式：

(1)闭合导线

如图2-33所示。导线从已知控制点 B 和已知方向 BA 出发，经过1、2、3、4最后仍回到起点 B，形成一个闭合多边形，这样的导线称为闭合导线。闭合导线本身存在着严密

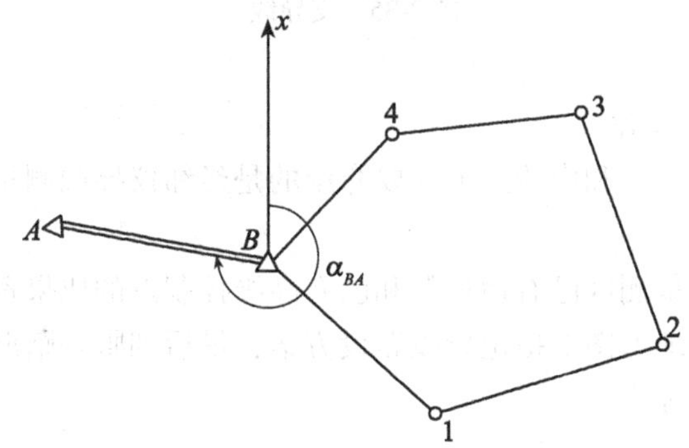

图2-33　闭合导线

的几何条件，具有检核作用，适用于面积较宽阔的独立地区作测图控制。

(2)附合导线

如图 2-34 所示，导线从已知控制点 B 和已知方向 BA 出发，经过 1、2、3 点，最后附合到另一已知点 C 和已知方向 CD 上，这样的导线称为附合导线。这种布设形式具有检核观测成果的作用，适用于带状地区的测图控制，此外也广泛用于公路、铁路、管道、河道等工程的勘测与施工控制点的建立。

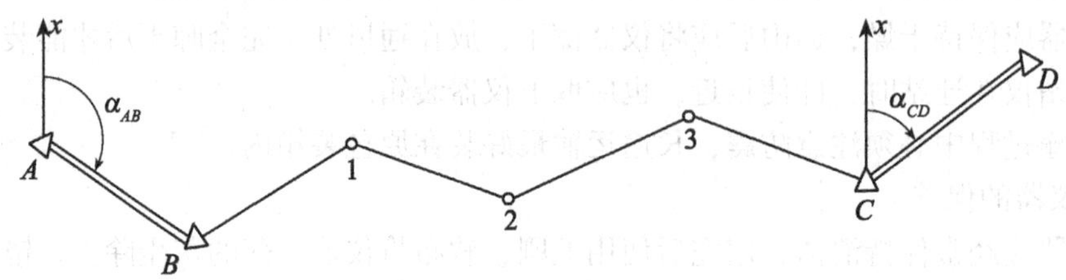

图 2-34　附合导线

(3)支导线

支导线是由一已知点和已知方向出发，既不附合到另一已知点，又不回到原起始点的导线。如图 2-35 所示，B 为已知控制点，α_{AB}为已知方向，1、2 为支导线点。这种导线没有已知点进行校核，错误不易发现，且点位精度逐点降低，所以导线的点数不得超过 2~3个。

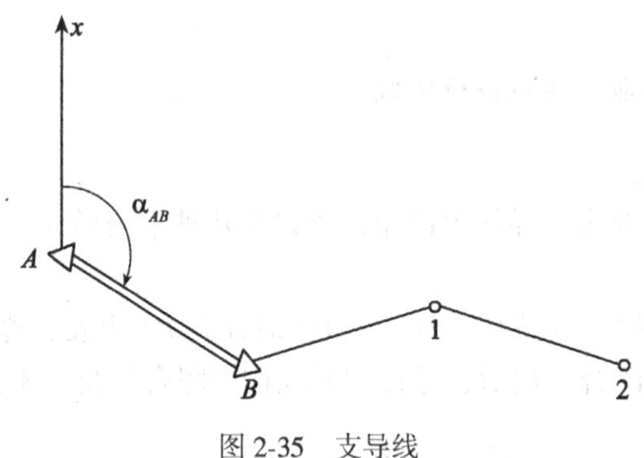

图 2-35　支导线

2. 导线测量的外业工作

导线测量工作分为外业和内业。下面要介绍的是经纬仪导线测量外业中的几项工作。

(1)踏勘选点

在选点前，应先收集测区已有地形图和已有高级控制点的成果资料，将控制点展绘在原有地形图上，然后在地形图上拟定导线布设方案，最后到野外踏勘，核对、修改、落实导线点的位置，并建立标志。

选点时应注意以下事项：

①导线点应选在地势较高、视野开阔的地点，便于施测周围地形；

②相邻两导线点间要互相通视，便于测角与量边；

③导线应沿着平坦、土质坚实的地面设置，以便于丈量距离(仅适用于经纬仪钢尺量距导线测量)；

④导线边长要选得大致相等，相邻边长不应悬殊过大；

⑤导线点位置必须能安置仪器，便于保存；

⑥导线点应尽量靠近重要地物的位置。

(2)建立标志

①临时性标志：导线点位置选定后，要在每一点位上打一个木桩，在桩顶钉一小钉，作为点的标志。也可在水泥地面上用红漆画一圆，圆内点一小点，作为临时标志。

②永久性标志：需要长期保存的导线点应埋设混凝土桩，桩顶嵌入带“+”字的金属标志，作为永久性标志。

导线点应统一编号。为了便于寻找，应量出导线点与附近明显地物的距离，绘出草图，注明尺寸，该图称为点之记，如图2-36所示。

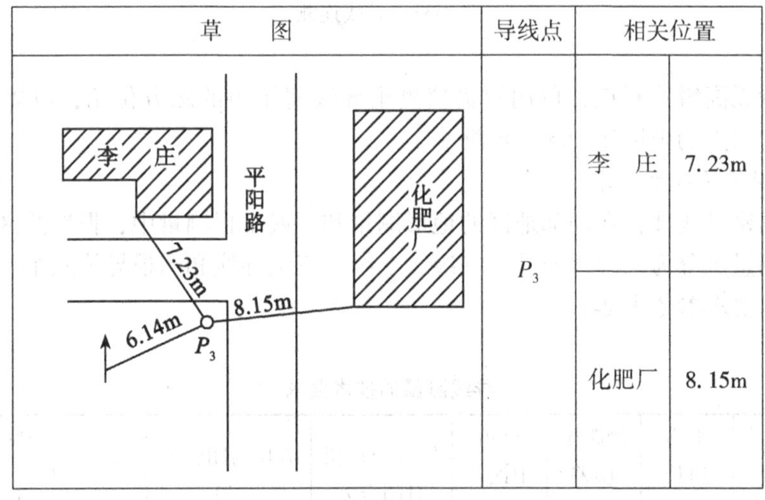

图2-36 导线点之标记图

(3)导线边长测量

导线边长可用钢尺直接丈量，或用光电测距仪、全站仪直接测定。

用钢尺丈量时，选用检定过的30m或50m的钢尺，导线边长应往返丈量各一次，往返丈量相对误差应满足表2-5中的要求。

用电磁波测距仪(或全站仪)测量时，要同时观测垂直角，供倾斜改正之用。测定导线边长的中误差一般约为1cm。

(4)转折角测量

导线转折角的测量一般采用测回法观测。在附合导线中一般统一观测左角或右角(在公路测量中，一般是观测右角)；在闭合导线中，一般是测内角。当采用顺时针方向编号时，闭合导线的右角即为内角，采用逆时针方向编号时，则左角为内角；对于支导线，应分别观测左、右角。不同等级导线的测角技术要求详见表2-5中的要求。对于图根导线，

一般用 DJ_6 经纬仪或全站仪测一测回，当盘左、盘右两半测回角值的较差不超过±40″时，取其平均值作为观测成果。

(5)连接测量

导线与高级控制点进行连接，以取得坐标和坐标方位角的起算数据，称为连接测量。如图 2-37 所示，A、B 为已知点，1~5 为新布设的导线点，连接测量就是观测连接角 β_B、β_1 和连接边 D_{B1}。

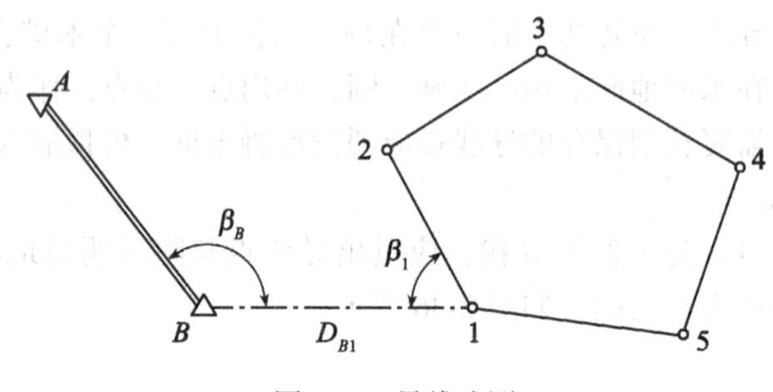

图 2-37 导线连测

如果附近无高级控制点，可用罗盘仪测出导线起始边的磁方位角，以确定导线的方向，并假定起始点的坐标作为起算数据。

3. 导线测量的技术要求

除国家精密导线外，在局部地区的地形测量和一般工程测量中，根据测区范围和精度要求，导线测量可分为三等、四等、一级、二级、三级导线和图根导线六个等级。各级导线测量的技术要求参考表 2-7。

表 2-7 **导线测量的技术要求**

等级	附合导线长度(km)	平均边长(km)	测距中误差(mm)	测角中误差(″)	导线全长相对闭合差	方位角闭合差(″)	测回数		
							DJ_1	DJ_2	DJ_6
三等	30	2.0	13	1.8	1/55000	$\pm 3.6\sqrt{n}$	6	10	—
四等	20	1.0	13	2.5	1/35000	$\pm 5\sqrt{n}$	4	6	—
一级	10	0.5	17	5.0	1/15000	$\pm 10\sqrt{n}$	—	2	4
二级	6	0.3	30	8.0	1/10000	$\pm 16\sqrt{n}$	—	1	3
三级	—	—	—	12.0	1/5000	$\pm 24\sqrt{n}$	—	1	2
图根	—	—	—	20.0	1/2000	$\pm 40\sqrt{n}$	—	—	1

注：n 为转折角个数。

二、导线测量的内业计算

导线测量的最终目的是要获得各导线点的平面直角坐标，因此外业工作结束后就要进行内业计算，以求得导线点的坐标。

准备工作：

①计算之前，应全面检查导线测量外业记录：数据是否齐全，有无记错、算错，成果是否符合精度要求，起算数据是否准确。然后绘制导线略图，把各项数据注于图上相应位置。将校核过的外业观测数据及起算数据填入坐标计算表，起算数据用双线标明。

②内业计算中数字的取位：对于四等以下的导线，角值取至秒，边长及坐标取至毫米(mm)。

1. 坐标计算的基本公式

(1)坐标正算

坐标正算，即根据已知点的坐标及已知边长和坐标方位角计算未知点的坐标。

如图2-38所示，设A为已知点，B为未知点，当A点的坐标X_A、Y_A和边长D_{AB}、坐标方位角α_{AB}均为已知时，则可求得B点的坐标X_B、Y_B。由图可知：

$$\left.\begin{aligned} X_B &= X_A + \Delta X_{AB} \\ Y_B &= Y_A + \Delta Y_{AB} \end{aligned}\right\} \tag{2-11}$$

其中，坐标增量的计算公式为

$$\left.\begin{aligned} \Delta X_{AB} &= D_{AB} \cdot \cos\alpha_{AB} \\ \Delta Y_{AB} &= D_{AB} \cdot \sin\alpha_{AB} \end{aligned}\right\} \tag{2-12}$$

式中：ΔX_{AB}，ΔY_{AB}的正负号应根据$\cos\alpha_{AB}$、$\sin\alpha_{AB}$的正负号决定，所以式(2-12)又可写成：

$$\left.\begin{aligned} X_B &= X_A + D_{AB} \cdot \cos\alpha_{AB} \\ Y_B &= Y_A + D_{AB} \cdot \sin\alpha_{AB} \end{aligned}\right\} \tag{2-13}$$

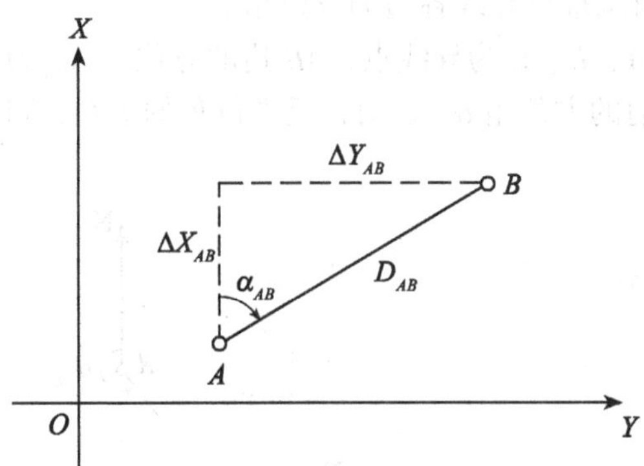

图2-38 导线坐标计算示意图

(2)坐标反算

坐标反算，即根据两个已知点的坐标增量反算其坐标方位角和边长。

如图2-38所示，若设A、B为两已知点，其坐标分别为X_A、Y_A和X_B、Y_B，则可得

$$\tan\alpha_{AB} = \frac{\Delta Y_{AB}}{\Delta X_{AB}} \tag{2-14}$$

$$D_{AB} = \frac{\Delta Y_{AB}}{\sin\alpha_{AB}} = \frac{\Delta X_{AB}}{\cos\alpha_{AB}} \tag{2-15}$$

或 $$D_{AB} = \sqrt{(\Delta X_{AB})^2 + (\Delta Y_{AB})^2} \tag{2-16}$$

式中：$\Delta X_{AB}=X_B-X_A$，$\Delta Y_{AB}=Y_B-Y_A$。

由式(2-14)可求得 α_{AB}。α_{AB}求得后，又可由式(2-15)算出两个 D_{AB}，并作相互校核。如果仅尾数略有差异，就取中数作为最后的结果。

需要指出的是，按式(2-14)计算出来的坐标方位角是有正负号的，因此，还应按坐标增量 ΔX 和 ΔY 的正负号最后确定 AB 边的坐标方位角，即若按式(2-14)计算的坐标方位角为

$$\alpha' = \tan^{-1}\frac{\Delta Y}{\Delta X} \tag{2-17}$$

则 AB 边的坐标方位角 α_{AB}参见图 2-42 应为：

在第Ⅰ象限，即当 $\Delta X>0$，$\Delta Y>0$ 时，$\alpha_{AB}=\alpha'$

在第Ⅱ象限，即当 $\Delta X<0$，$\Delta Y>0$ 时，$\alpha_{AB}=180°-\alpha'$

在第Ⅲ象限，即当 $\Delta X<0$，$\Delta Y<0$ 时，$\alpha_{AB}=180°+\alpha'$

在第Ⅳ象限，即当 $\Delta X>0$，$\Delta Y<0$ 时，$\alpha_{AB}=360°-\alpha'$

也就是，当 $\Delta X>0$ 时，应给 α'加 360°；当 $\Delta X<0$ 时，应给 α'加 180°，才是所求 AB 边的坐标方位角。

2. 坐标方位角的推算

为了计算导线点的坐标，首先应推算出导线各边的坐标方位角(以下简称方位角)。如果导线和国家控制点或测区的高级点进行了连接，则导线各边的方位角是由已知边的方位角来推算；如果测区附近没有高级控制点可以连接，称为独立测区，则测量起始边的方位角，再以此观测方位角来推算导线各边的方位角。

如图 2-39 所示，设 A、B、C 为导线点，AB 边的方位角 α_{AB}为已知，导线点 B 的左角为$\beta_{左}$，现在来推算 BC 边的方位角 α_{BC}。由正反方位角的关系，可知：

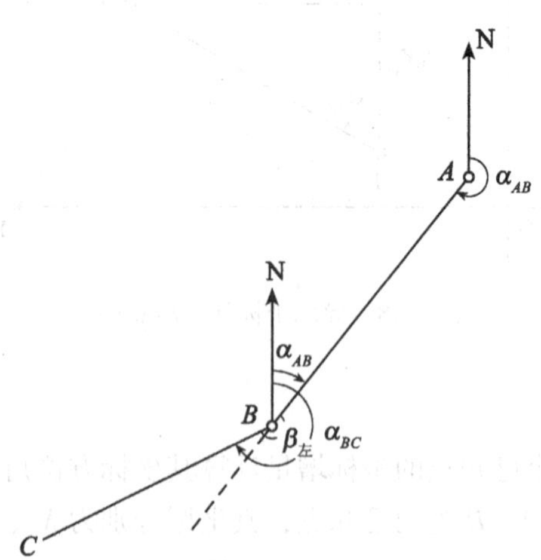

图 2-39 坐标方位角推算示意图

$$\alpha_{BA} = \alpha_{AB} - 180°$$

则从图中可以看出：

$$\alpha_{BC}=\alpha_{BA}+\beta_{左}=\alpha_{AB}-180°+\beta_{左} \tag{2-18}$$

根据方位角不大于360°的定义，当用上式算出的方位角大于360°时，则减去360°即可。当用右角推算方位角时，如图2-40所示：

$$\alpha_{BA}=\alpha_{AB}+180°$$

则从图中可以看出

$$\alpha_{BC}=\alpha_{AB}+180°-\beta_{右} \tag{2-19}$$

用式(2-19)计算α_{BC}时，如果α_{AB}+180°后仍小于$\beta_{右}$，则加360°后再减$\beta_{右}$。

根据上述推导，得到导线边坐标方位角的一般推算公式为

$$\alpha_{前}=\alpha_{后}\pm180° \begin{matrix}+\beta_{左}\\-\beta_{右}\end{matrix} \tag{2-20}$$

式中：$\alpha_{前}$，$\alpha_{后}$是导线点的前边方位角和后边方位角。

如图2-41所示，以导线的前进方向为参考，导线点B的后边是AB边，其方位角为$\alpha_{后}$；前边是BC边，其方位角为$\alpha_{前}$。

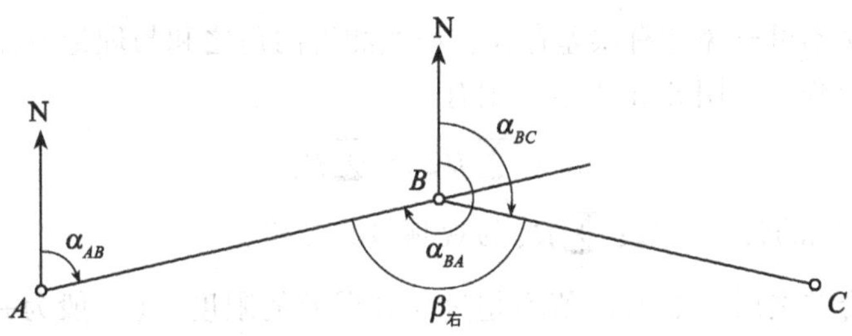

图2-40 坐标方位角推算示意图

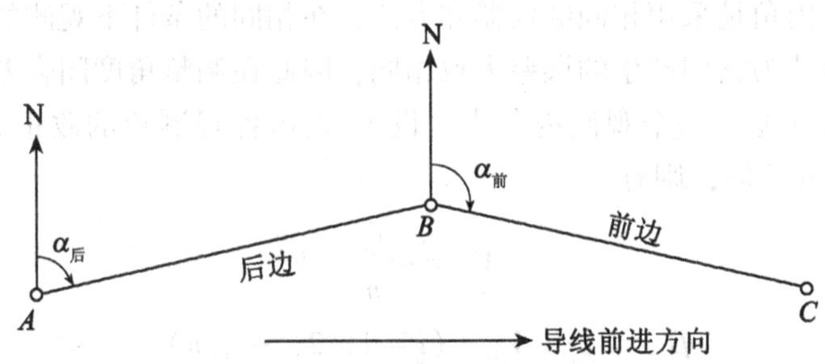

图2-41 坐标方位角推算标准图

180°前的正负号取用：当$\alpha_{后}$<180°时，用“+”号；当$\alpha_{后}$>180°时，用“-”号。导线的转折角是左角($\beta_{左}$)就加上；是右角($\beta_{右}$)就减去。

3. 闭合导线内业计算

(1)角度闭合差的计算与调整

闭合导线从几何上看，是一多边形，如图2-42所示。其内角和在理论上应满足下列关系：

$$\sum\beta_{理}=180°(n-2)$$

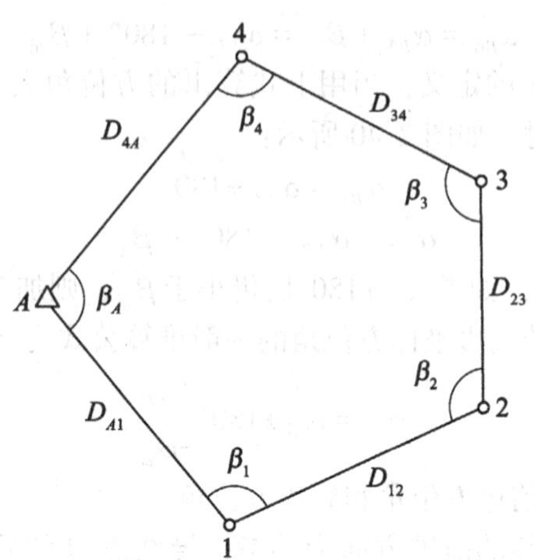

图 2-42　闭合导线示意图

但由于测角时不可避免地有误差存在，使实测得内角之和与理论值存在一个差值，这个差值就是角度闭合差，用f_β 来表示，则有

$$f_\beta = \sum \beta_{测} - \sum \beta_{理} \tag{2-21}$$

式中：n 为闭合导线的转折角数；$\sum \beta_{测}$为观测角的总和。

算出角度闭合差之后，如果f_β 值不超过允许误差的限度，（一般为$\pm 40\sqrt{n}$，n 为角度个数），说明角度观测符合要求，即可进行角度闭合差调整，使调整后的角值满足理论上的要求。

由于导线的各内角是采用相同的仪器和方法，在相同的条件下观测的，所以对于每一个角度来讲，可以认为它们产生的误差大致相同，因此在调整角度闭合差时，可将闭合差按相反的符号平均分配于每个观测内角中。设 $V_{\beta i}$ 表示各观测角的改正数，$\beta_{测}$ 表示观测角，β_i表示改正后的角值，则有

$$V_{\beta_i} = -\frac{f_\beta}{n} \tag{2-22}$$

$$\beta_i = \beta_{测_i} + V_{\beta i} \quad (i = 1, 2, \cdots, n)$$

当上式不能整除时，可将余数凑整到导线中短边相邻的角上，这是因为在短边测角时由于仪器对中、照准所引起的误差较大。

各内角的改正数之和应等于角度闭合差，但符号相反，即 $\sum V_\beta = -f_\beta$。改正后的各内角值之和应等于理论值，即 $\sum \beta_i = (n-2) \cdot 180°$。

例 1　某图根导线是一个四边形闭合导线。四个内角的观测值总和 $\sum \beta_{测} = 359°59'14''$。

由多边形内角和公式计算可知：

$$\sum \beta_{理} = (4-2) \cdot 180° = 360°$$

则角度闭合差为

$$f_\beta = \sum \beta_{测} - \sum \beta_{理} = -46''$$

按要求允许的角度闭合误差为：

$$f_{\beta允} = \pm 40''\sqrt{n} = \pm 40''\sqrt{4} = \pm 1'20''$$

则 f_β 在允许误差范围内，可以进行角度闭合差调整。

依照式(2-22)得各角的改正数为

$$V_{\beta_i} = -\frac{f_\beta}{n} = \frac{+46''}{4} = +11.5''$$

由于不是整秒，分配时每个角平均分配+11″，短边角的改正数为+12″。改正后的各内角值之和应等于 360°。

(2)坐标方位角推算

根据起始边的坐标方位角 α_{AB} 及改正后(调整后)的内角值 β_i，按式(2-20)依次推算各边的坐标方位角。

(3)坐标增量的计算

如图 2-43 所示，在平面直角坐标系中，A、B 两点坐标分别为 $A(X_A、Y_A)$ 和 $B(X_B、Y_B)$，它们相应的坐标差称为坐标增量，分别以 ΔX 和 ΔY 表示，从图中可以看出：

$$X_B - X_A = \Delta X_{AB}$$
$$Y_B - Y_A = \Delta Y_{AB}$$

或

$$X_B = X_A + \Delta X_{AB}$$
$$Y_B = Y_A + \Delta Y_{AB} \tag{2-23}$$

导线边 AB 的距离为 D_{AB}，其方位角为 α_{AB}，则有

$$\left.\begin{aligned}\Delta X_{AB} &= D_{AB} \cdot \cos\alpha_{AB} \\ \Delta Y_{AB} &= D_{AB} \cdot \sin\alpha_{AB}\end{aligned}\right\} \tag{2-24}$$

ΔX_{AB}、ΔY_{AB}的正负号从图 2-44 中可以看出，导线边 AB 位于不同的象限，其纵、横坐标增量的符号也不同。也就是，当 α_{AB} 在 0°~90°(即第一象限)时，ΔX、ΔY 的符号均为正，当 α_{AB} 在 90°~180°(第二象限)时，ΔX 为负，ΔY 为正；当 α_{AB} 在 180°~270°(第三象限)时，ΔX 和 ΔY 的符号均为负；当 α_{AB} 在 270°~360°(第四象限)时，ΔX 为正，ΔY 为负。

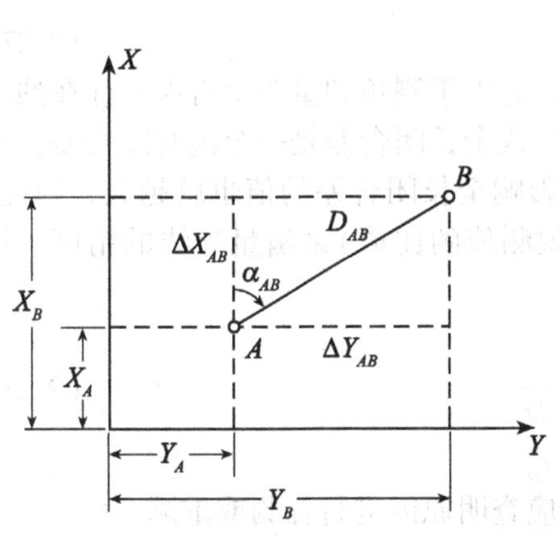

图 2-43 坐标增量计算示意图

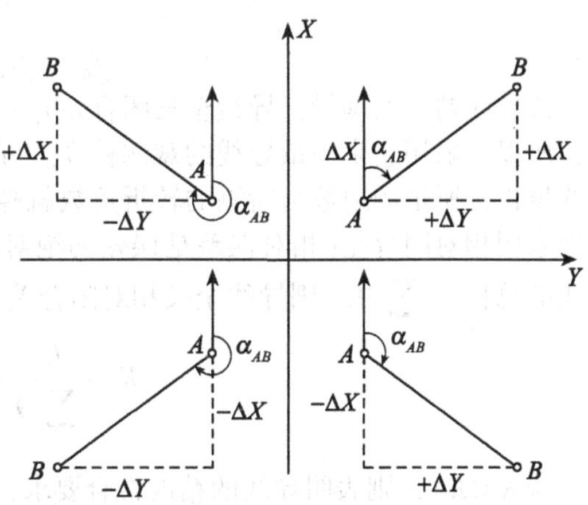

图 2-44 不同象限导线边坐标方位角示意图

(4)坐标增量闭合差的计算与调整

①坐标增量闭合差的计算：如图2-45所示，导线边的坐标增量可以看成是在坐标轴上的投影线段。从理论上讲，闭合多边形各边在 X 轴上的投影，其 $+\Delta X$ 的总和与 $-\Delta X$ 的总和应相等，即各边纵坐标增量的代数和应等于零。同样，在 Y 轴上的投影，其 $+\Delta Y$ 的总和与 $-\Delta Y$ 的总和也应相等，即各边横坐标量的代数和也应等于零。也就是说，闭合导线的纵、横坐标增量之和在理论上应满足下述关系：

$$\left.\begin{aligned}\sum \Delta X_{理} &= 0\\ \sum \Delta Y_{理} &= 0\end{aligned}\right\} \tag{2-25}$$

但因测角和量距都不可避免地有误差存在，因此根据观测结果计算的 $\sum \Delta X_{算}$、$\sum \Delta Y_{算}$ 都不等于零，而等于某一个数值 f_X 和 f_Y，即

$$\left.\begin{aligned}\sum \Delta X_{算} &= f_X\\ \sum \Delta Y_{算} &= f_Y\end{aligned}\right\} \tag{2-26}$$

式中：f_X 为纵坐标增量闭合差；f_Y 为横坐标增量闭合差。

从图2-46中可以看出 f_X 和 f_Y 的几何意义。由于 f_X 和 f_Y 的存在，就使得闭合多边形出现了一个缺口，起点 A 和终点 A' 没有重合，设 AA' 的长度为 f_D，称为导线的全长闭合差，而 f_X 和 f_Y 正好是 f_D 在纵、横坐标轴上的投影长度，即

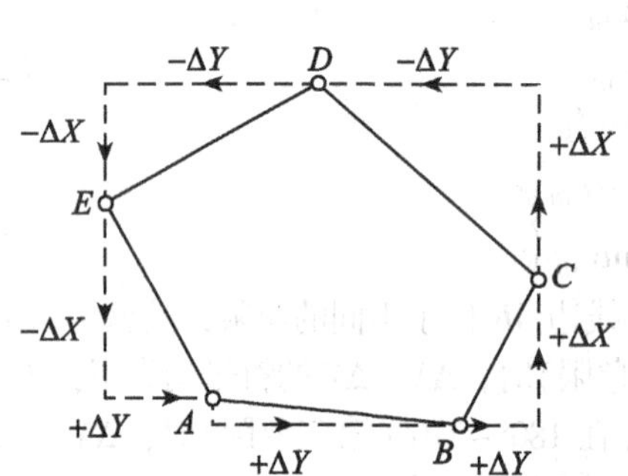

图2-45 闭合导线坐标增量示意图

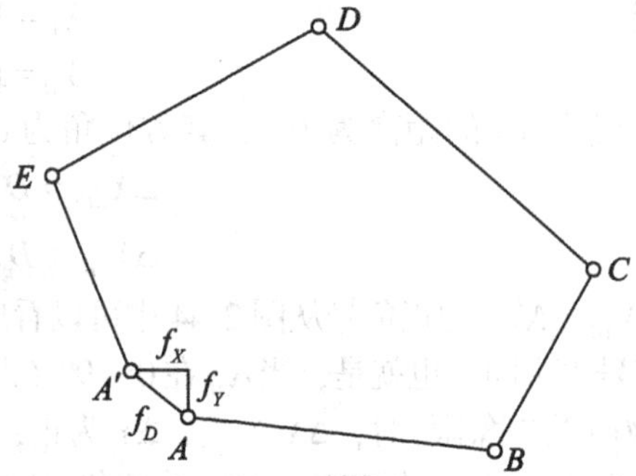

图2-46 闭合导线坐标增量闭合差示意图

$$f_D = \sqrt{f_x^2 + f_y^2} \tag{2-27}$$

②导线精度的衡量：导线全长闭合差 f_D 的产生，是由于测角和量距中有误差存在的缘故，所以一般用它来衡量导线的观测精度。可是，导线全长闭合差是一个绝对闭合差，且导线越长，所量的边数与所测的转折角数就越多，影响全长闭合差的值也就越大，因此，必须采用相对闭合差(相对误差是误差的绝对值与观测值的比值)来衡量导线的精度。设导线的总长为 $\sum D$，则导线全长相对闭合差 K 为

$$K = \frac{f_D}{\sum D} = \frac{1}{\sum \dfrac{D}{f_D}} \tag{2-28}$$

若 $K \leqslant K_{允}$，则表明导线的精度符合要求，否则应查明原因进行补测或重测。

③坐标增量闭合差的调整：如果导线的精度符合要求，即可将增量闭合差进行调整，

使改正后的坐标增量满足理论上的要求。由于是等精度观测，所以增量闭合差的调整原则是将它们以相反的符号按与边长成正比例分配在各边的坐标增量中。设 $V_{\Delta X_i}$、$V_{\Delta Y_i}$ 分别为纵、横坐标增量的改正数，即

$$\left.\begin{aligned} V_{\Delta X_i} &= -\frac{f_x}{\sum D} D_i \\ V_{\Delta Y_i} &= -\frac{f_y}{\sum D} D_i \end{aligned}\right\} \tag{2-29}$$

式中：$\sum D$ 为导线边长总和；D_i 为导线某边长（$i=1, 2, \cdots, n$）。

所有坐标增量改正数的总和的数值应等于坐标增量闭合差而符号相反，即

$$\left.\begin{aligned} \sum V_{\Delta X} &= V_{\Delta X_1} + V_{\Delta X_2} + \cdots + V_{\Delta X_n} = -f_x \\ \sum V_{\Delta Y} &= V_{\Delta Y_1} + V_{\Delta Y_2} + \cdots + V_{\Delta Y_n} = -f_y \end{aligned}\right\} \tag{2-30}$$

改正后的坐标增量应为

$$\begin{aligned} \Delta X_i &= \Delta X_{算_i} + V_{\Delta X_i} \\ \Delta Y_i &= \Delta Y_{算_i} + V_{\Delta Y_i} \end{aligned} \tag{2-31}$$

(5)坐标推算

用改正后的坐标增量，就可以从导线起点的已知坐标依次推算其他导线点的坐标，即

$$\left.\begin{aligned} X_i &= X_{i-1} + \Delta X_{i-1,\ i} \\ Y_i &= Y_{i-1} + \Delta Y_{i-1,\ i} \end{aligned}\right\} \tag{2-32}$$

闭合导线算例：图2-47是一个图根等级闭合导线，外业观测数据均标注在图上，根据闭合导线的内业计算过程，整个计算数据均在表2-8中完成。

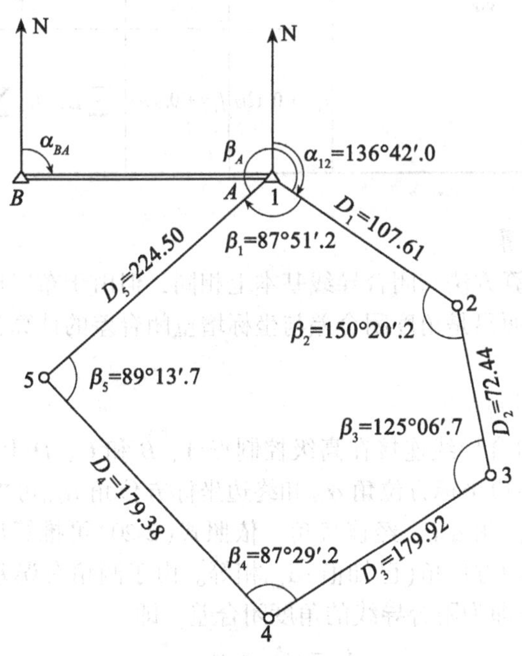

图2-47　闭合导线

表 2-8 **闭合导线坐标计算表**

点号	观测角	改正后的角值	坐标方位角	边长(m)	增量计算值		改正后的增量值		坐标	
					$\Delta x'$	$\Delta y'$	Δx	Δy	x	y
1	2	3	4	5	6	7	8	9	10	11
1	-12 87°51′12″	87°51′00″							800.00	1000.00
			136°42′00″	107.61	-0.01 -78.32	-0.03 +73.80	-78.33	+73.77		
2	-12 150°20′12″	150°20′00″							721.67	1073.77
			166°22′00″	72.44	-0.01 -70.40	-0.02 +17.07	-70.41	+17.05		
3	-12 125°06′42″	125°06′30″							651.26	1090.82
			221°15′30″	179.92	-0.03 -135.25	-0.04 -118.65	-135.28	-118.69		
4	-12 87°29′12″	87°29′00″							515.98	927.13
			313°46′30″	179.38	-0.03 +124.10	-0.04 +159.99	+124.07	-129.56		
5	-12 89°13′42″	89°13′30″							640.05	824.57
			44°33′00″	224.50	-0.04 +129.99	-0.06 +157.49	+159.95	+157.43		
1									800.00	1000.00
2										
$\sum$	540°01′00″	540°00′00″		763.85						
$f_\beta = 1' \; f = \sqrt{f_x^{\,2} + f_y^{\,2}} = \pm 0.23m$ $f_{\beta容} = \pm 40''\sqrt{n} = \pm 40''\sqrt{5} = \pm 89''$ $k = \frac{f}{\sum D} = \frac{0.23}{763.85} \approx \frac{1}{3320}$					+284.09 -283.97	+284.36 -284.17	+284.02 -284.02	+284.27 -284.27		
					$f_x = +0.12m$	$f_y = +0.19m$	$\sum \Delta x = 0$	$\sum \Delta y = 0$		

4. 附合导线内业计算

附合导线的坐标计算方法与闭合导线基本上相同，但由于布置形式不同，且附合导线两端与已知点相连，因而只是角度闭合差与坐标增量闭合差的计算公式有些不同。下面介绍这两项的计算方法：

(1)角度闭合差的计算

如图 2-48 所示，附合导线连接在高级控制点 A、B 和 C、D 上，它们的坐标均已知。连接角为 φ_1 和 φ_2，起始边坐标方位角 α_{AB} 和终边坐标方位角 α_{CD} 可根据坐标反算求得，见式(2-17)。从起始边方位角 α_{AB}，经连接角，依照式(2-20)可推算出终边的方位角 α'_{CD}，此方位角应与反算求得的方位角(已知值) α_{CD} 相等。由于测角有误差，推算的 α'_{CD} 已知的 α_{CD} 不可能相等，其差数即为附合导线的角度闭合差，即

$$f_\beta = \alpha'_{CD} - \alpha_{CD} \tag{2-33}$$

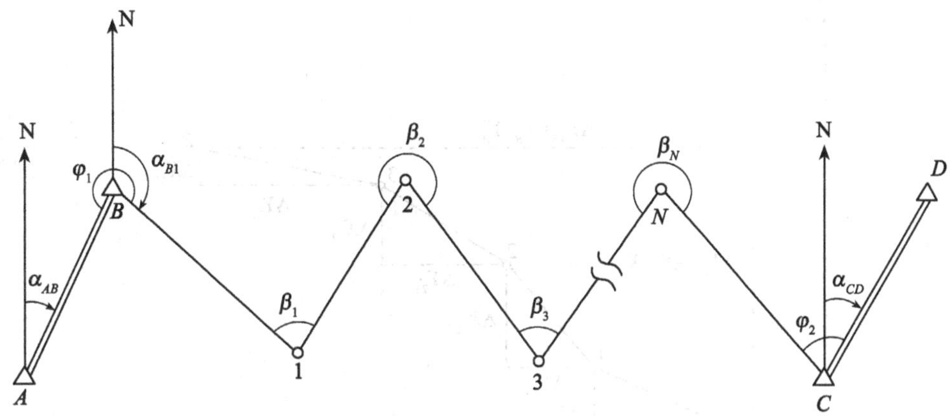

图 2-48 附合导线示意图

终边坐标方位角 α'_{CD} 的推算方法可用式(2-20)推求，也可用下列公式直接计算出终边坐标方位角。

用观测导线的左角来计算方位角，其公式为

$$\alpha'_{CD} = \alpha_{AB} - n \cdot 180° + \sum \beta_{左} \tag{2-34}$$

用观测导线的右角来计算方位角，其公式为

$$\alpha'_{CD} = \alpha_{AB} + n \cdot 180° - \sum \beta_{右} \tag{2-35}$$

式中：n 为转折角的个数。

附合导线角度闭合差的一般形式可写为

$$f_\beta = (\alpha_{AB} - \alpha_{CD}) \mp n \cdot 180° \begin{matrix} + \sum \beta_{左} \\ - \sum \beta_{右} \end{matrix}$$

附合导线角度闭合差的调整方法与闭合导线相同。需要注意的是，在调整过程中，转折角的个数应包括连接角，若观测角为右角时，改正数的符号应与闭合差相同。用调整后的转折角和连接角所推算的终边方位角应等于反算求得的终边方位角。

(2)坐标增量闭合差的计算

如图 2-49 所示，附合导线各边坐标增量的代数和在理论上应等于起、终两已知点的坐标值之差，即

$$\sum \Delta X_{理} = X_B - X_A$$

$$\sum \Delta Y_{理} = Y_B - Y_A$$

由于测角和量边有误差存在，所以计算的各边纵、横坐标增量代数和不等于理论值，产生纵、横坐标增量闭合差，其计算公式为

$$\left.\begin{aligned} f_X &= \sum \Delta X_{算} - (X_B - X_A) \\ f_Y &= \sum \Delta Y_{算} - (Y_B - Y_A) \end{aligned}\right\} \tag{2-36}$$

附合导线坐标增量闭合差的调整方法以及导线精度的衡量均与闭合导线相同。

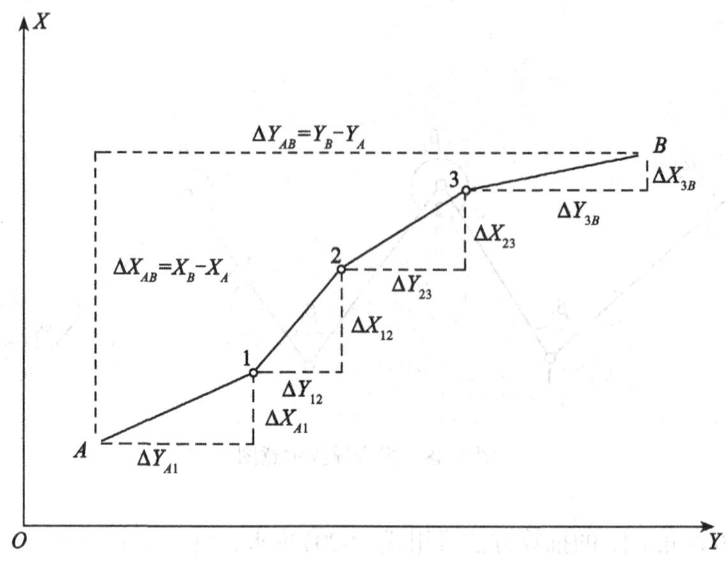

图 2-49 附合导线坐标增量示意图

附合导线算例：图 2-50 是一个图根等级附合导线，外业观测数据均标注在图上，根据附合导线的内业计算过程，整个计算数据均在表 2-9 中完成。

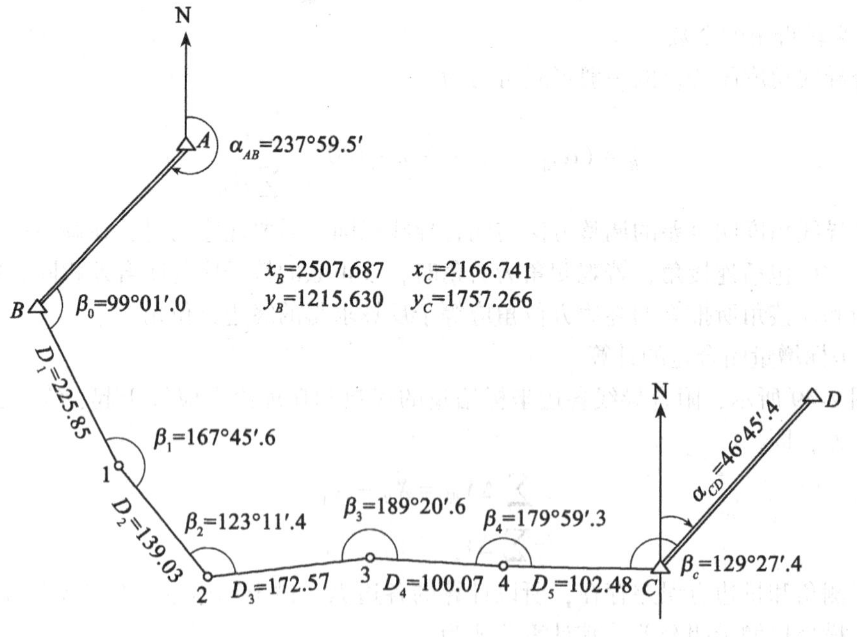

图 2-50 附合导线

表 2-9 **附合导线计算表**

点号	观测角	改正后的角值	坐标方位角	边长(m)	增量计算值 $\Delta x'$	增量计算值 $\Delta y'$	改正后的增量值 Δx	改正后的增量值 Δy	坐标 x	坐标 y
1	2	3	4	5	6	7	8	9	10	11
A										
			237°59′30″							
B	+6 99°01′00″	99°01′06″							2507.687	1215.630
			157°00′36″	225.85	+0.045 −207.911	−0.043 +88.210	−207.866	+88.167		
1	+6 167°45′36″	167°45′42″							2299.821	1303.797
			144°46′18″	139.03	+0.028 −113.568	−0.026 +80.198	−113.540	+80.172		
2	+6 123°11′24″	123°11′30″							2186.281	1383.969
			89°57′48″	172.57	+0.035 +6.133	−0.033 +172.461	+6.618	+172.428		
3	+6 189°20′36″	189°20′42″							2192.449	1556.397
			97°18′30″	100.07	+0.020 −12.730	−0.019 +99.257	−12.710	+99.238		
4	+6 179°59′18″	179°59′24″							2179.739	1655.635
			97°17′54″	102.48	+0.021 −13.019	−0.019 +101.650	−12.998	+101.631		
C	+6 129°27′24″	129°27′30″							2166.741	1757.266
			46°45′24″							
D										
$\sum$				740						
$\alpha'_{CD}=46°44'48''$ $\alpha_{CD}=46°45'24''$ $f_\beta=-36''$		$f_{\beta容}=\pm 40''\sqrt{6}=\pm 98''$ $f_\beta < f_{\beta容}$			$\sum(\Delta x)=-341.095$ $\sum(\Delta y)=+541.776$ $f_x=-0.149$ $f_y=0.140$ $f=\sqrt{f_x^2+f_y^2}=0.20$ $K=\frac{0.20}{740}\approx\frac{1}{3700}<\frac{1}{2000}$					

5. 无定向导线的计算

无定向导线的两端各仅有一个已知点(高级点)，缺少起始和终了的坐标方位角。图 2-51 所示为某无定向附合导线的略图(为前例的附合导线去掉两端的 A、D 两个已知点)，在已知点 B、C 之间布设点号为 5、6、7、8 的 4 个待定点，观测 5 条边长和 4 个转折角(右角)。已知点坐标及边长和角度观测值注明于图上，计算在表 2-10 中进行。计算的方法和步骤如下：

(1)假定坐标增量的计算及方位角和边长的改正

无定向附合导线由于缺少起始坐标方位角，不能直接推算导线各边的方位角。但是，导线受两端已知点的控制，可以间接求得起始方位角。其方法为：先假定一边的方位角作为起始方位角，计算导线各边的假定坐标增量，再进行改正。

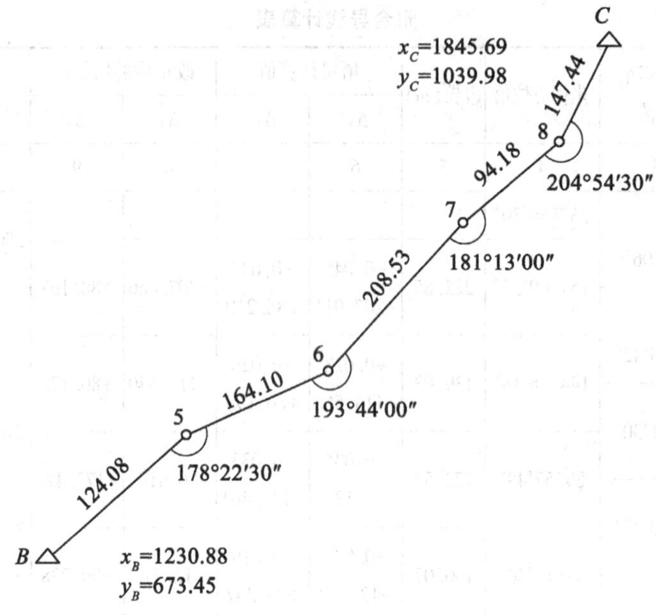

图 2-51 无定向导线略图

如图 2-52 所示，先假定 B-5 边的坐标方位角 $\alpha'_{B5}=90°00'00''$（也可以假定为 $0°00'00''$ 或其他任意角度），在表 2-10 的第 1 栏中填上导线各右角，在第 2 栏中推算各边假定方位角 α'，在第 3 栏中填上各边边长 D，用坐标正算计算各边的假定坐标增量 $\Delta x'$、$\Delta y'$，填于表中第 4、5 栏，并取其总和 $\sum\Delta x'$、$\sum\Delta y'$，作为 B、C 两点间的假定坐标增量：

$$\Delta x'_{BC}=\sum\Delta x'$$

$$\Delta y'_{BC}=\sum\Delta' y$$

再按坐标反算公式，计算 B、C 两点间的假定长度 L'_{BC}（B、C 两点间的长度称为闭合边）和假定坐标方位角 α'_{BC}。但是，根据 B、C 两点的已知坐标，按坐标反算公式可以算得闭合边的真长度 L_{BC} 和真坐标方位角 α_{BC}，其几何意义如图 2-52 所示。

假定坐标方位角和计算假定坐标增量相当于围绕 B 点把导线旋转一个角度：

$$\theta=\alpha'_{BC}-\alpha_{BC}$$

该角称为真假方位角差（本例中，$\theta=46°56'01''$）。根据 θ 角，可以将导线各边的假定坐标方位角改正为真坐标方位角：

$$\alpha_{ij}=\alpha'_{ij}-\theta$$

改正后的各边坐标方位角填写于表中第 6 栏。

由于导线测量中存在误差，所以由假定坐标增量算得闭合边的假定长度 L'_{BC} 和根据 B、C 点坐标反算的真长度 L_{BC} 之比为闭合边的真假长度比：

$$R=\frac{L_{BC}}{L'_{BC}}$$

在本例中 $R=0.999986$，用此长度比去乘导线各边长观测值，得到改正后的边长，填写于表中第 7 栏。闭合边长度比只是无定向附合导线计算中唯一可以检验测量误差的指

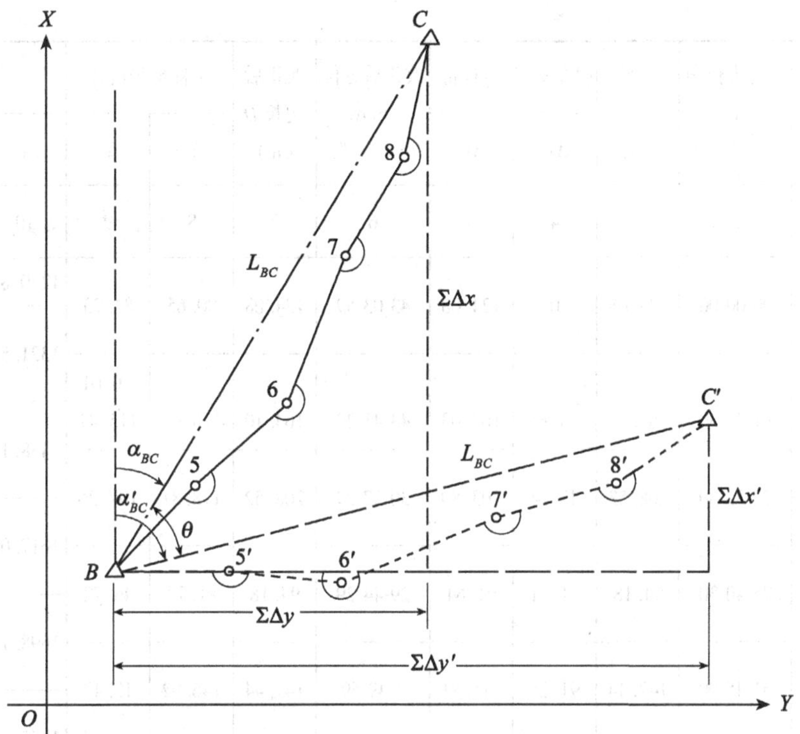

图 2-52 无定向导线计算的几何意义

标，R 越接近于 1，则观测值的误差越小。

(2)坐标增量和坐标的计算

用改正后的边长和坐标方位角计算各边坐标增量 Δx、Δy，填写于表中第 8、9 两栏。由于已经过上述两项改正，导线各边、角的数值已符合两端已知点坐标所控制的数值，因此其坐标增量总和应满足下式，作为计算的检核：

$$\sum \Delta x = x_C - x_B$$

$$\sum \Delta y = y_C - y_B$$

或

$$\delta\Delta x = \sum \Delta x - (x_C - x_B) = 0$$

$$\delta\Delta y = \sum \Delta y - (y_C - y_B) = 0$$

根据经过检核后的坐标增量，推算各待定导线点的坐标，填于表中第 10、11 两栏。

6. 支导线内业计算

支导线中没有多余观测值，因此也没有任何闭合差产生，导线的转折角和计算的坐标增量不需要进行改正，计算相对简单，具体计算步骤如下：

①根据观测的转折角推算各边坐标方位角；

②根据各边的边长和方位角计算各边的坐标增量；

③根据各边的坐标增量推算各点的坐标。

表 2-10

点号	转折角（右）（° ′ ″）	假定方位角 α'（° ′ ″）	边长 D（m）	假定坐标增量（m）		改正后方位角 α（° ′ ″）	改正后边长 D（m）	坐标增量（m）		坐标（m）		点号
				$\Delta x'$	$\Delta y'$			Δx	Δy	x	y	
	1	2	3	4	5	6	7	8	9	10	11	
B										1230.88	673.45	B
		90 00 00	124.08	0	124.08	43 03 59	124.08	90.65	84.73			
5	178 22 30									1321.53	758.18	5
		91 37 30	164.10	-4.65	164.03	44 41 29	164.10	116.66	-0.01 115.41			
6	193 44 00									1438.19	873.58	6
		77 53 30	208.53	43.74	203.89	30 57 29	208.52	178.81	107.26			
7	181 13 00									1617.00	980.84	7
		76 40 30	94.18	21.71	91.64	29 44 29	94.18	81.77	46.72			
8	204 54 30									1698.77	1027.56	8
		51 45 00	147.44	91.25	115.81	4 49 59	147.44	146.92	12.42			
C										1845.69	1039.98	C
		$\sum$		+152.05	+699.45			+614.81	+366.54	+614.81	+366.53	

$L'=715.79\text{m}$，$L=715.78\text{m}$；$R=\frac{L}{L'}=0.999986$，$\delta\Delta x=0$；

$\alpha'=77°44'08''$，$\alpha=30°48'07''$；$\theta=\alpha'-\alpha=46°56'01''$　$\delta\Delta y=+0.01$

三、导线测量个别错误的查找

计算时，如果导线的角度闭合差或坐标增量闭合差大大超过规定的容许值，经核对原始记录无误后，则可能是测角或测边长发生了错误，必须进行实地复测。一般来说，错误往往发生在个别的角度或边长上，在进行野外实地复测之前，可以用下述方法查找测量错误发生在哪里，以便有目标地进行复测返工。

1. 个别测角错误的检查

检查的基本方法是通过按一定比例展绘导线来发现测角错误点。以下分述检查闭合导线和附合导线错误的具体方法。

如图 2-53 所示，若闭合导线在点 3 测角发生错误，假设测大了 $\Delta\beta$ 角，则点 4、1 将绕点 3 旋转 $\Delta\beta$ 角，分别位移至 4′、1′，而出现闭合差 1—1′。显然△131′为一等腰三角形，闭合差 1—1′的垂直分线必然通过点 3。根据这一原理，可用下面方法检查角度错误所在的点：从起点开始，按边长和转折角的观测值，用较大的比例尺展绘导线图，作图中闭合差的垂直平分线，该线通过或靠近的点就是可能有测角错误的点。

如图 2-54 所示，对于附合导线检查的方法是：先在坐标纸上根据已知点的坐标数据绘出两侧高级控制点A、B、C、D的位置，然后分别由点B、C开始利用角度与边长数据各自朝另一端展绘导线，即图中的B—2—3—4—5′—C与C—5—4—3′—2′—B'，其交叉点（图中点4）即为有测角错误的点。

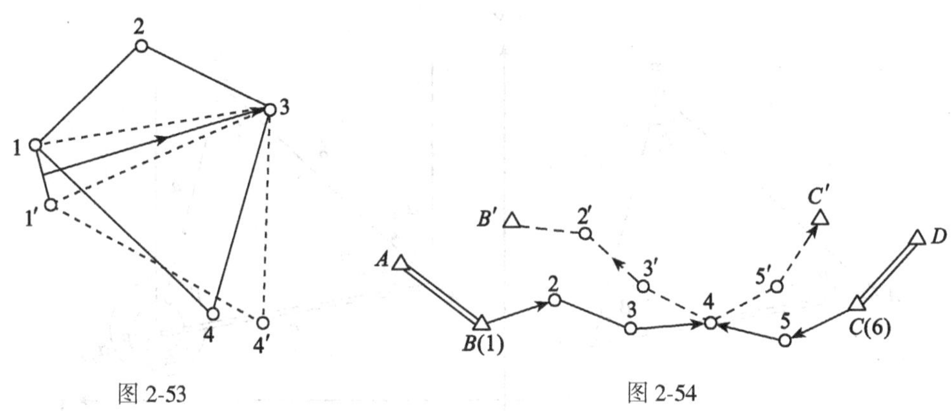

图 2-53　　图 2-54

2. 个别量边错误的检查

当导线的全长相对闭合差大大超限时，则可能是量边错误所致。如图2-53所示，若边长3—4测量有错误，则闭合差1—1′（即全长闭合差f）的方向必与错误边相平行。因此，不论闭合导线或是附合导线，可按下式求出导线全长闭合差f的坐标方位角α_f：

$$\alpha_f = \arctan \frac{f_y}{f_x}$$

凡与坐标方位角α_f或α_f+180相接近的导线边，都是可能发生量边错误的边。因此，实际查找量边错误时，可以通过展绘导线图利用平行关系查找，也可以利用方位角相等关系。此外，还可用$\frac{f_y}{f_x}$与$\frac{\Delta y}{\Delta x}$的比值查找，比值接近时该组$\Delta y$、$\Delta x$对应的边可能存在错误。

以上介绍的方法主要适用于个别转折角或边长发生错误的情况，如果多个角度和边长存在错误，一般难以查出。因此，导线外业观测必须认真，以避免返工重测。

四、个别控制点的加密方法

在平面控制的个别地方需要加密或补充少量的控制点时，可以采用交会测量的方法加密图根控制点。交会测量一般只测定一个控制点，所以，在地形平面控制测量中，它只是一种辅助和补充的控制方法，而且主要用在低等级的图根平面控制中。交会测量就是通过测角或测距，利用角度或距离的交会来确定未知点的坐标。为了保证交会测量的精度，一方面对交会的角度和交会边长有一定的要求和限制，一般要求交会角不应小于30°或大于150°，交会边长的限制与测图比例尺有关；另一方面还要求有多余观测。在计算过程中，要对观测质量进行检核。只有满足了规范的要求，成果才能应用，交会测量主要包括单三角形、前方交会、侧方交会、后方交会，根据外业观测的元素不同，相应地可以分为测角交会与测边交会，这里主要介绍一下前方交会的计算方法。

1. 测角前方交会

从相邻的两个已知点 A、B 向待定点 P 观测水平角 α 和 β，以计算待定点 P 的坐标，称为前方交会，如图 2-55 所示。

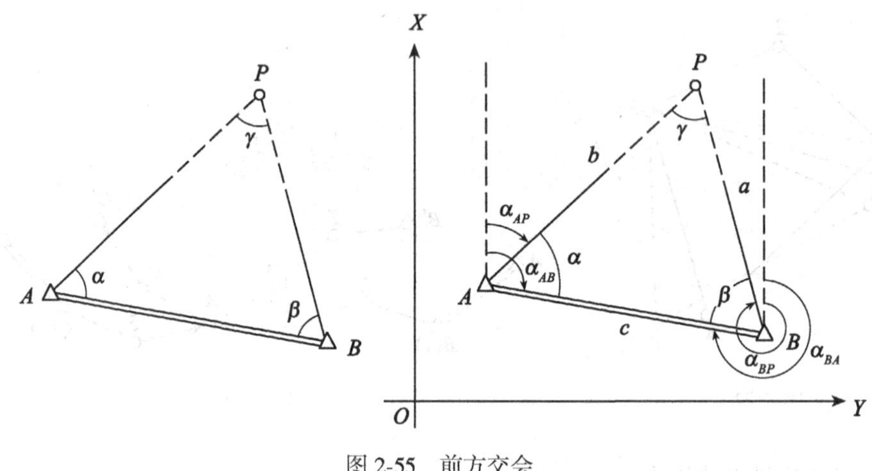

图 2-55 前方交会

前方交会计算待定点坐标的方法如下：

(1)已知点坐标反算

根据两个已知点的坐标，计算两点间的边长 c 及坐标方位角 α_{AB}，得

$$c=\sqrt{(x_B-x_A)^2+(y_B-y_A)^2}$$

$$\alpha_{AB}=\arctan\frac{y_B-y_A}{x_B-x_A}$$

(2)待定边边长和坐标方位角计算

按正弦定律计算已知点至待定点的边长：

$$\left.\begin{aligned}a&=\frac{c\sin\alpha}{\sin\gamma}=\frac{c\sin\alpha}{\sin(\alpha+\beta)}\\b&=\frac{c\sin\beta}{\sin\gamma}=\frac{c\sin\beta}{\sin(\alpha+\beta)}\end{aligned}\right\}$$

按下式计算待定边的坐标方位角：

$$\left.\begin{aligned}\alpha_{AP}&=\alpha_{AB}-\alpha\\\alpha_{BP}&=\alpha_{BA}+\beta\end{aligned}\right\}$$

(3)待定点坐标计算

根据已算得的待定边的边长和坐标方位角，按坐标正算法，分别从已知点 A、B 计算至待定点 P 的坐标增量：

$$\left.\begin{aligned}\Delta x_{AP}&=b\cos\alpha_{AP}\\\Delta y_{AP}&=b\sin\alpha_{AP}\end{aligned}\right\}$$

$$\left.\begin{aligned}\Delta x_{BP}&=a\cos\alpha_{BP}\\\Delta y_{BP}&=a\sin\alpha_{BP}\end{aligned}\right\}$$

然后分别从点 A、B 计算待定点 P 的坐标，两次算得的坐标可以作为检核：

$$\left.\begin{aligned} x_P &= x_A + \Delta x_{AP} \\ y_P &= y_A + \Delta y_{AP} \end{aligned}\right\}$$

$$\left.\begin{aligned} x_P &= x_B + \Delta x_{BP} \\ y_P &= y_B + \Delta y_{BP} \end{aligned}\right\}$$

(4) 直接计算待定点坐标的公式

将以上一些公式经过化算，可以得到直接计算待定点 P 的坐标的公式。推导过程略。

前方交会直接计算待定点坐标的正切公式为

$$\left.\begin{aligned} x_P &= \frac{x_A\tan\alpha + x_B\tan\beta + (y_B - y_A)\tan\alpha\tan\beta}{\tan\alpha + \tan\beta} \\ y_P &= \frac{y_A\tan\partial + y_B\tan\beta + (x_A - x_B)\tan\alpha\tan\beta}{\tan\alpha + \tan\beta} \end{aligned}\right\}$$

用计算器进行计算时，由于可以直接使用正切函数，所以用正切公式比较方便一些。

2. 测边前方交会

从两个已知点 A、B 向待定点 P 测量边长 AP、BP，以计算待定点 P 的坐标，称为测边交会，或称距离交会，如图 2-56 所示。

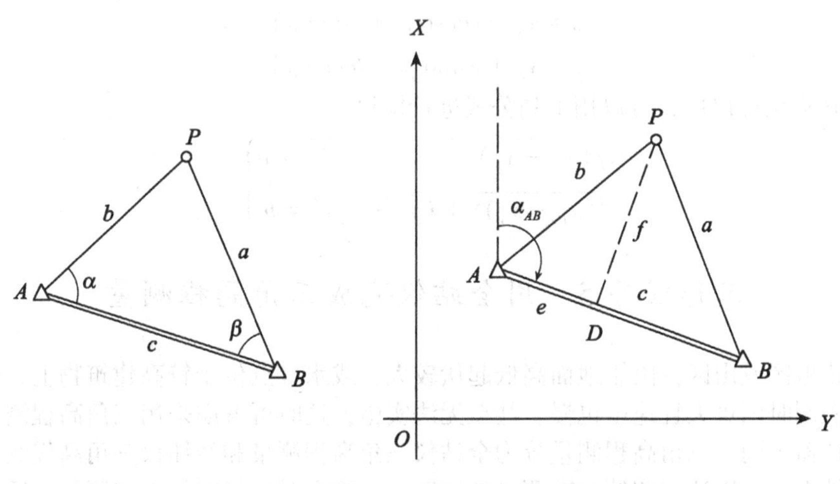

图 2-56 测边交会

测边交会计算待定点坐标的方法如下：

(1) 测边交会化为前方交会

根据△ABP 的三边长度 a、b、c，用余弦定律计算三角形的两个内角 α 和 β：

$$\left.\begin{aligned} \alpha &= \arccos\left(\frac{b^2 + c^2 - a^2}{2bc}\right) \\ \beta &= \arccos\left(\frac{a^2 + c^2 - b^2}{2ac}\right) \end{aligned}\right\}$$

再按已知点 A、B 的坐标及算得的水平角 α 和 β，用前方交会公式计算待定点 P 的坐标。

(2) 直接计算待定点坐标的公式

根据三角形的边角关系，可以推导得直接计算待定点坐标的公式。在图 6-56 中，从 P 点作 AB 边的垂线，交 AB 于 D 点，得辅助线段 $AD(e)$、$PD(f)$，则

$$b^2 - e^2 = f^2 = a^2 - (c - e)^2$$
$$2ce = b^2 + c^2 - a^2$$

由此得到辅助线段长度

$$\left.\begin{aligned} e &= \frac{b^2 + c^2 - a^2}{2c} \\ f &= \sqrt{b^2 - e^2} \end{aligned}\right\}$$

AP、AD、DP 各点间的坐标增量关系为

$$\Delta x_{AP} = \Delta x_{AD} + \Delta x_{DP}，\Delta y_{AP} = \Delta y_{AD} + \Delta y_{DP}$$

式中：

$$\Delta x_{AD} = e\cos\alpha_{AB}，\Delta y_{AD} = e\sin\alpha_{AB}$$
$$\Delta x_{DP} = f\cos(\alpha_{AB} - 90°) = f\sin\alpha_{AB}$$
$$\Delta y_{DP} = f\sin(\alpha_{AB} - 90°) = f\cos\alpha_{AB}$$

因此，A 点至 P 点的坐标增量为

$$\Delta x_{AP} = e\cos\alpha_{AB} + f\sin\alpha_{AB}$$
$$\Delta y_{AP} = e\sin\alpha_{AB} - f\cos\alpha_{AB}$$

直接计算待定 P 点坐标的公式为

$$\left.\begin{aligned} x_P &= x_A + e\cos\alpha_{AB} + f\sin\alpha_{AB} \\ y_P &= y_A + e\sin\alpha_{AB} - f\cos\alpha_{AB} \end{aligned}\right\}$$

求得 P 点坐标以后，可以用下列公式进行检核：

$$\left.\begin{aligned} \sqrt{(x_P - x_B)^2 + (y_P - y_B)^2} &= a \\ \sqrt{(x_P - x_A)^2 + (y_P - y_A)^2} &= b \end{aligned}\right\}$$

工作任务 5　用全站仪完成三角高程测量

在丘陵地区或山区，由于地面高低起伏较大，或水准点位于较高建筑物上，用水准测量作高程控制时困难大且速度也慢，甚至无法实施，这时可考虑采用三角高程测量。根据所采用的仪器不同，三角高程测量分为全站仪三角高程测量和经纬仪三角高程测量。前者在一定条件下，可以达到四等水准测量的精度，因而有时代替四等水准测量；后者由于采用视距法测距，精度较低，主要用于碎部测量。

一、三角高程测量的基本原理

1. 三角高程测量基本计算公式

三角高程测量是根据地面上两点间的水平距离 D 和测得的竖直角 α 来计算两点间的高差 h。如图 2-57 所示，已知 A 点高程为 H_A，现欲求 B 点高程 H_B。在 A 点安置仪器，同时量测出 A 点至仪器横轴的高度 i，称为仪器高。在 B 点立觇标，其高度为 s，称为觇标高。

用望远镜的十字丝交点瞄准目标顶端，测出竖直角 α，另外，若已知 A、B 两点间的水平距离 D，则可求得 A、B 两点间的高差为：

$$h_{AB} = D \cdot \tan\alpha + i - s \tag{2-37}$$

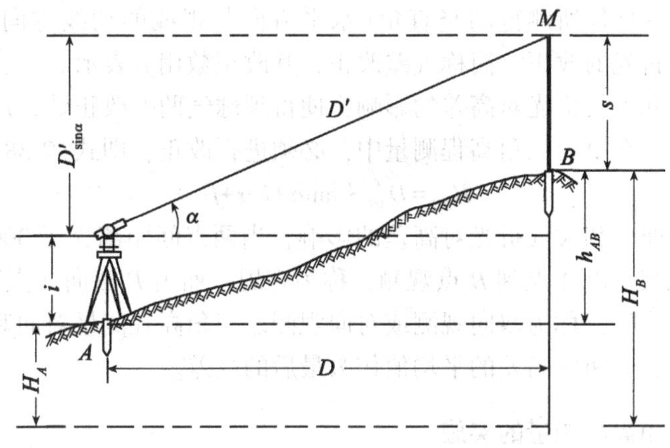

图 2-57 三角高程测量原理

由此得到 B 点的高程为

$$H_B = H_A + h_{AB} = H_A + D \cdot \tan\alpha + i - s \tag{2-38}$$

2. 三角高程测量的等级及技术要求

对于光电测距三角高程控制测量，一般分为两级，即四等和五等三角高程测量，它们可作为测区的首级控制。光电测距三角高程测量，视距长度不得大于 1km，垂直角不得大于 15°。高程导线的最大长度不应超过相应等级水准路线的最大长度。其技术要求见表 2-11。

表 2-11 光电测距三角高程测量的技术要求

等级	仪器	测距边测回数	垂直角测回数		指标差较差(″)	垂直角较差	对向观测高差较差	附合或环线闭合差
			三丝法	中丝法				
四等	DJ_2	往返各 1	—	3	7	7	$40\sqrt{D}$	$20\sqrt{\sum D}$
五等	DJ_2	1	1	2	10	10	$60\sqrt{D}$	$30\sqrt{\sum D}$
图根	DJ_6	—		2	25	25		$40\sqrt{D}$

注：表中 D 为光电测距边长度(km)。

3. 地球曲率和大气折光的影响(球气两差改正数)

应用仪器测量出竖直角与水平距离，就可以应用公式求出待定点的高程。但在作三角高程测量时，一般情况下，需要考虑地球曲率和大气折光对所测高差的影响，即要进行地球曲率和大气折光的改正，简称球气两差改正。

(1)地球曲率的改正

在用三角高程测量两点间的高差时，若两点间的距离较长(超过 300m)，则图 2-53 中的大地水准面不能再用水平面来代替，而应按曲面看待，因此用公式(2-37)或公式(2-38)计算时，还应考虑地球曲率影响的改正，简称为球差改正，其改正数用 f_1 表示。

(2)大气折光的改正

在观测竖直角时，由于大气的密度不均匀，视线将受大气折光的影响而总是成为一条向上拱起的曲线，这样使所测得的竖直角（水平方向与视线的切线方向夹角）总是偏大，因此，要进行大气折光的改正，简称气差改正，其改正数用f_2表示。

综合地球曲率和大气折光对高差的影响，便得到球气两差改正数，用f表示。

上述的球气两差在单向三角高程测量中，必须进行改正，即式(2-38)应写为

$$H_{AB}=D_{AB}\cdot\tan\alpha+i-s+f \tag{2-39}$$

为了消除地球曲率和大气折光对高差的影响，当两点间距离大于300m时，三角高程测量应进行对向观测。由A点到B点观测，称为直觇；而由B点向A点观测，称为反觇。当进行直、反觇观测时，称为双向观测或对向观测。三角高程测量对向观测，所求得的高差较差若符合要求，取两次高差的平均值作为最后的高差。

二、全站仪三角高程测量的实施

目前光电测距三角高程测量已经相当普遍，即采用电磁波测距仪或电子全站仪测定各导线边长度，同时用仪器直、反觇测定竖直角。用电磁波测距方法测定高差的主要特点是距离测量的精度较高。为了提高电磁波测高差的精度，必须采取措施提高垂直角观测精度。大量的观测资料表明，当边长在2km范围内时，对向电磁波测距三角高程测量成果完全能满足四等水准测量的精度要求。因此，在高山、丘陵等困难地区，可用电磁波测高代替四等水准测量。当用三角高程测量方法测定平面控制点的高程时，为了检核并提高精度，应组成闭合或附合的三角高程路线，三角高程路线必须起讫于不低于四等水准联测的高程点上，其边数不应超过规定；当用于测定图根点的高程时，三角高程点及水准联测的高程点均可作为路线的起算点，边数不应超过12条。三角高程路线应尽量由边长较短、高差较小的边组成。

1. 三角高程测量的观测步骤

①安置全站仪于测站上，量出仪器高i；在待测点上立棱镜，量出棱镜高s。注意仪器高度、反射镜高度应在观测前后量测，四等应采用测杆量测，取其值精确至1mm，当较差不大于2mm时，取用平均值；对于五等量测，其取值精确至1mm，当较差不大于4mm时，取用平均值。

②用全站仪或经纬仪采用测回法观测竖直角α（具体需要几个测回，根据三角高程测量的等级技术要求），取平均值作为最后结果。

③用全站仪照准棱镜中心观测、显示出水平距离。

④采用对向观测，方法同前几步。注意对向观测宜在较短时间内进行。

⑤应用式(2-37)和式(2-38)计算高差及高程。对向观测高差较差符合表要求时，取其平均值作为高差结果。注意，计算时，垂直角度的取值应精确至0.1″，高程的取值应精确至1mm。

2. 三角高程测量的计算

外业观测结束后，应对观测成果进行全面检查，确认各项限差符合规定要求、所需数据完备齐全之后，才能开始计算。

(1)高差的计算

由外业观测手簿中查取三角高程路线上的垂直角、仪器高、觇标高，由平面控制计算成果表中查取相应边的水平距离，填于计算表格中，然后按式依次计算各边直、反觇高差。若直、反觇

高差较差不超过规定值，则取其中数，并以此计算三角高程路线的高差闭合差。

(2)高差闭合差的计算和分配

三角高程路线高差闭合差的计算和分配与水准测量基本相同，即

附合路线为 $$f_h = \sum h_{测} - (H_{终} - H_{始})$$

闭合路线为 $$f_h = \sum h_{测}$$

当f_h不超过$f_{h容}$时，按与边长成正比原则，将f_h反符号分配到各高差之中，然后用改正后的高差，从起算点推算各点高程。

(3)高程计算

根据已知高程和平差后的高差，按与水准测量相同的方法计算各点的高程。

(4)三角高程测量计算实例(表2-12)

表2-12 **三角高程测量计算表**

所求点	B	
起算点	A	
觇法	直	反
平距 D(m)	286.362	286.362
垂直角 α	+10°32′26″	−9°58′41″
Dtanα(m)	+53.284	−50.380
仪器高 i(m)	+1.521	+1.482
觇标高 s(m)	+2.763	+3.202
高差 h(m)	+52.042	−52.100
对向观测的高差较差(m)	−0.058	
高差较差容许值(m)	0.107	
平均高差(m)	+52.071	
起算点高程(m)	105.726	
所求点高程(m)	157.797	

3. 三角高程测量主要误差来源及减弱措施

观测边长 D、垂直角 α、仪高 i 和觇标高 s 的测量误差及大气垂直折光系数 K 的测定误差均会给三角高程测量成果带来误差。

(1)边长误差

边长误差取决于距离丈量方法。用普通视距法测定距离，精度只有1/300；用电磁波测距仪测距，精度很高，边长误差一般为几万分之一到几十万分之一。边长误差对三角高程的影响与垂直角大小有关，垂直角越大，其影响也越大。

(2)垂直角误差

垂直角观测误差包括仪器误差、观测误差和外界环境的影响。其对三角高程的影响与边长及推算高程路线总长有关，边长或总长越长，对高程的影响也越大。因此，垂直角的观测应选择大气折光影响较小的阴天和每天的中午观测较好，推算三角高程路线还应选择短边传递，对路线上边数也要有限制。

(3)大气垂直折光系数误差

大气垂直折光误差主要表现为折光系数 K 值测定误差，为减少垂直折光变化的影响，

应避免在大风或雨后初晴时观测，也不宜在日出后和日落前2小时内观测，在每条边上均应作对向观测。

(4)丈量仪高和觇标高的误差

仪高和觇标高的量测误差有多大，对高差的影响也会有多大。因此，应仔细量测仪高和觇标高。觇标高和仪器高用钢尺丈量两次，读至毫米，其较差对于四等三角高程测量，不应大于2mm；对于五等三角高程测量，不大于4mm。

工作任务6 用全站仪完成三维坐标测量

一、全站仪三维坐标测量基本原理

全站仪可直接测算测点的三维坐标(X, Y, H)。如图2-58所示，A为测站点，B为后视点，两点坐标分别为(X_A, Y_A, H_A)和(X_B, Y_B, H_B)，求测点P的坐标。

在测站A安置全站仪后，设定测站点的三维坐标，并设置已知方向AB的水平度盘读数为其坐标方位角α_{AB}，当照准目标P时，便可自动计算P点的坐标。全站仪内部计算未知点坐标原理如下：

$$X_P=X_A+D_{AP}\cdot\cos\alpha_{AP}$$
$$Y_P=Y_A+D_{AP}\cdot\sin\alpha_{AP}$$
$$H_P=H_A+h_{AB}=H_A+D\cdot\tan\alpha+h_i-h_r$$

需要说明的是，全站仪上多用(N, E, Z)表示点的三维坐标，其中N对应X、E对应Y、Z对应H。

二、全站仪三维坐标测量的实施

1. 坐标测量操作程序

全站仪坐标测量的一般操作程序如下：

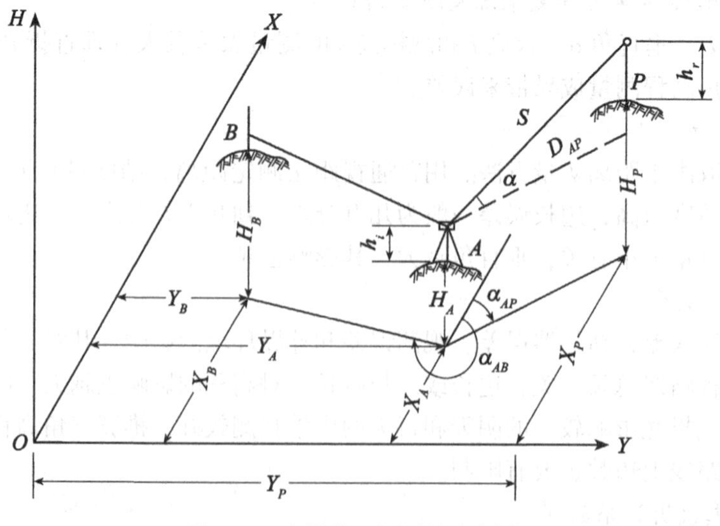

图2-58 全站仪坐标测量示意图

①设定测站点的三维坐标。

②输入后视点的坐标或后视方位角。当给定后视点的坐标时，全站仪会自动计算后视方向的方位角，并设定后视方向的水平度盘读数为其方位角。

③设置棱镜常数。

④设置大气改正值或气温、气压值。

⑤量仪器高、棱镜高并输入全站仪。

⑥照准目标棱镜，按坐标测量键，全站仪开始测距并显示测点的三维坐标。

2. 坐标测量应用实例

下面以拓普康(TOPCON)GTS-3000N 系列全站仪为例，详细介绍坐标测量操作过程。可以在( )坐标测量键下测量，也可以在[MENU]菜单下操作，以[MENU]菜单下数据采集为例进行坐标测量，操作如图 2-59 所示。

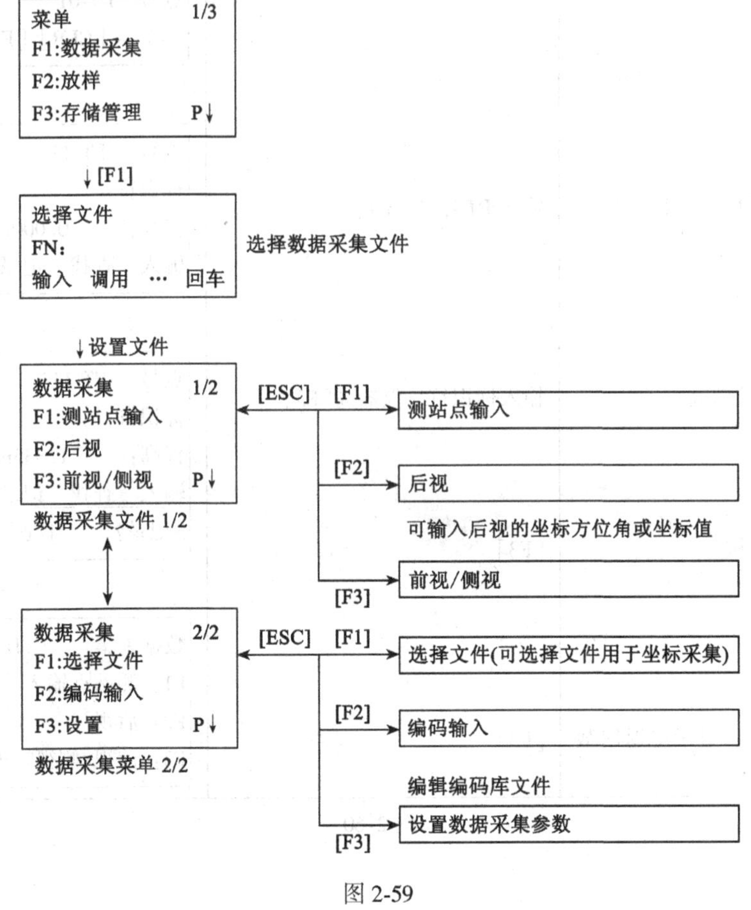

图 2-59

(1)测站点输入(图 2-60)

操作过程	操　作	显　示
由数据采集菜单 1/2 按[F1](测站点输入)键显示的数据为原有数据	[F1]	点号 →PT-01　2/2 标识符： 仪高： 输入　查找　记录　测站
按[F4](测站)键	[F4]	测站点 点号：PT-01 输入　调用　坐标　回车
按[F1](输入)键	[F1]	测站点 点号：PT-01 ---　---[CLR][ENT]
输入 PT#，按[F4](ENT)键	输入 PT#，按[F4]	点号 →PT-11 标识符： 仪高：　0.000m 输入　查找　记录　测站
输入标识符，仪器高	输入标识符，仪器高[F3]	点号 →PT-11 标识符： 仪高：　1.335m 输入　查找　记录　测站 >记录?　[是][否]
按[F3](记录)键	[F3]	
按[F3](是)键，显示屏返回数据采集菜单 1/2	[F3]	数据采集　1/2 F1：测站点输入 F2：后视 F3：前视/侧视　P↓

图 2-60

(2)后视点输入(图2-61)

操作过程	操　　作	显　　示
由数据采集菜单1/2按[F2]键显示原有数据	[F2]	点号 →PT-01 标识符： 仪高：　　0.000m 输入　置零　测量　后视
按[F4]键	[F4]	后视 点号 输入　调用　NE/AZ　回车
按[F1](输入)键 每次按(NE/AZ)键，输入方法就在坐标和坐标方位角之间转换	[F1]	N　0.000m E　0.000m Z　0.000m >OK?　　[是][否]
按[F3](是)键按同样方法，输入点编码，反射镜高	[F3]	后视点----PT-22 编码： 镜高：　　0.000m 输入　置零　测量　后视
按[F3](测量)键	[F3]	后视点----PT-22 编码： 镜高：　　0.000m 角度　斜距　坐标　NP/P
照准后视点选择一种测量模式进行测量，屏幕自动返回数据采集菜单	照准后视点 [F2]	V：90°00′00″ HR：0°00′00″ SD＊[n]　≪m >测量…… 数据采集　1/2 F1：测站点输入 F2：后视 F3：前视/侧视　P↓

图2-61

(3)待测点坐标测量

输入待测点点号、编码、棱镜高，即可进行坐标测量。测量数据被存储后，显示屏变换下一个镜点，点号自动增加，即可进行下一个点的坐标测量。

3. 基本技术参数说明

(1)存储管理菜单操作

按[MENU]键进入菜单 MENU 的 1/3 页，选择[F3]进入存储管理模式。

①查找数据：可查找数据采集模式或放样模式下记录文件中的数据。在查找模式下，点名(PT#)、标识符、编码、仪器高和棱镜高可以通过[编辑]键进行更改，但测量数据不能更改。

在此状态下，[F1](测量数据)键可查找点号、标识符、仪器高和棱镜高。

在此状态下，[F2](坐标数据)键可查找 N、E、Z 坐标和编码。

②文件维护：此模式下可进行更改文件名、查找文件中的数据和删除文件操作。

文件识别符号(*、@、&)：表示该文件的使用状态。

对于测量数据，*表示测量采集模式下被选定的文件；对于坐标数据，*表示放样模式下被选定的文件，@表示数据采集模式下被选定的坐标文件，&表示放样和数据采集模式下被选定的坐标文件。

数据类型识别符号(M、C)：位于四位数字之前，表示数据类型，M 表示测量数据，C 表示坐标数据；四位数字表示文件中数据的总数。

放样点和控制点的坐标数据可直接由键盘输入，在存储管理模式 2/3 菜单下，选择[输入坐标]即可输入坐标，并存入到一个文件内。

(2)选择模式

要进入此模式需要同时按[F2]+[POWER]键开机。

在此模式下可进行如表 2-13 所示设置。

表 2-13

菜单	项目	选择项	内容
单位设置	温度和气压	C/F hPa/mmHg/inHg	选择大气改正用的温度和气压单位
	角度	DEG(360°) /GON(400G)/ MIL(640M)	选择测角单位，deg/gonmil(度/哥恩/密位)
	距离	METER/FEET/FEET 和 inch	选择测距单位，m/ft/ft. in(米/英呎/英呎 . 英寸)
	英呎	美国英呎/国际英呎	选择 m/ft 转换系数 美国英呎 Lm=3. 2808333333333ft 国际英呎 Lm=3. 280839895013123ft

续表

菜单	项目	选择项	内容
模式设置	开机模式	测角/测距	选择开机后进入测角模式或测距模式
	精测/粗测/跟踪	精测/粗测/跟踪	选择开机后的测距模式，精测/粗测/跟踪
	平距/斜距	平距和高差/斜距	开机后优先显示的数据项，平距和高差或斜距
	竖角ZO/HO	天顶0/水平0	选择竖直角读数从天顶方向为零基准或水平方向为零基准
	N-次重复	N次/重复	选择开机后测距模式，N次/重复测量
	测量次数	1-99	设置测距次数，若设置1次，即为单次测量
	NEZ/ENZ	NEZ/ENZ	选择坐标显示顺序，NEZ/ENZ
	HA存储	开/关	设置水平角在仪器关机后可被保存在仪器中
	ESC键模式	数据采集/放样/记录/关	可选择[ESC]键的功能 数据采集/放样：在正常测量模式下按[ESC]键，可以直接进入数据采集模式下的数据输入状态或放样菜单 记录：在进行正常或偏心测量时，可以输出观测数据 关：回到正常功能
	坐标检查	开/关	选择在设置放样点时是否要显示坐标(开/关)
	EDM 关闭时间	1-99	设置电测测距(EDM)完成后到测距功能中断的时间可以选择此功能，它有助于缩短从完成测距状态到启动测距的第一测量时间(缺省值为3分钟) 0：完成测距后立即中断测距模式 1-98：在1-98分钟后中断 99：测距功能一直有效
	精读数	0.2/1MM	设置测距模式(精测模式)最小读数单位1mm或0.2mm
	偏心竖角	自由/锁定	在角度偏心测量模式中选择垂直角设置方式。 FREE：垂直角随望远镜上、下转动而变化 HOLDA：垂直角锁定，不因望远镜转动而变化
	无棱镜/棱镜	无棱镜/棱镜	选择开机时距离测量的模式
	激光对中器关闭时间(仅适用于激光对中类型)	1-99	激光对中功能可自动关闭 1-98：在激光对中器工作1-98分钟后自动关闭 99：人工控制关闭

续表

菜单	项目	选择项	内容
其他设置	水平角蜂鸣声	开/关	说明每当水平角为90°时是否发出蜂鸣声
	信号蜂鸣声	开/关	说明在设置音响模式下是否发出蜂鸣声
	两差改正	关/K=0.14/K=0.20	设置大气折光和地球曲率改正，折光系数有：K=0.14和K=0.20或不进行两差改正
	坐标记忆	开/关	选择关机后测站点坐标、仪器高和棱镜高是否可以恢复
	记录类型	REC-A/REC-B	数据输出的两种模式：REC-A或REC-B REC-A：重新进行测量并输出新的数据 REC-B：输出正在显示的数据
	ACK模式	标准方式/省略方式	设置与外部设备进行通信的过程 STANDARD：正常通信 OMITED：即使外部设备略去[ACK]联络信息数据也不再被发送
	格网因子	使用/不使用	确定在测量数据计算中是否使用坐标格网因子
	挖与填	标准方式/挖和填	在放样模式下，可显示挖和填的高度，而不显示dZ
	回显	开/关	可输出回显数据
	对比度	开/关	在仪器开机时，可显示用于调节对比度的屏幕并确认棱镜常数(PSM)和大气改正值(PPM)

☞ 完成项目要领提示

完成一条导线测量项目的基本流程如图2-62所示。

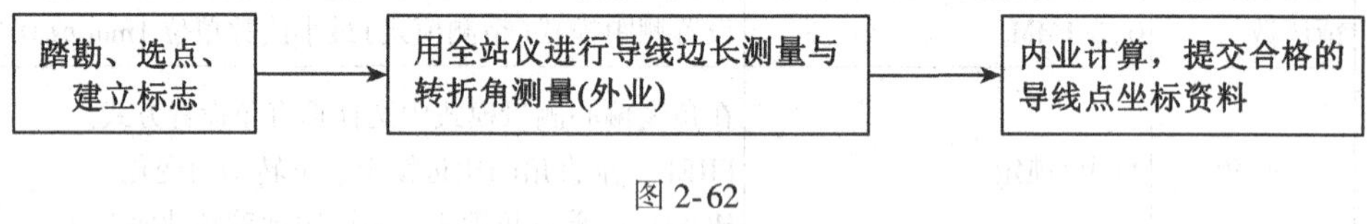

图2-62

首先收集测区已有地形图和已有高级控制点的成果资料，将控制点展绘在原有地形图上，然后在地形图上拟定导线布设方案，最后到野外踏勘，核对、修改、落实导线点的位置，并建立标志，合理确定一条导线观测路线。

其次，导线测量外业实施时，主要是应用全站仪测角、量边，测量者首先根据测量的具体要求，测前应通过仪器的键盘操作来选择和设置参数。主要包括：观测条件参数设置、距离测量中的模式选择、棱镜常数的设置、通信条件参数的设置和计量单位的设置。观测过程中要严格执行操作规程，符合相应等级的导线技术要求，工作要细心，加强校核，防止错误。另外，测量中应注意测距仪的测距头不能直接照准太阳，以免损坏测距的发光二极管，在阳光下或阴雨天气进行作业时，应打伞遮阳、遮雨，全站仪在迁站时，即使很近，也应取下仪器装箱，在整个操作过程中，观测者不得离开仪器，以避免发生意外事故。

再次，外业结束后，应全面检查导线测量外业记录，检查数据是否齐全，有无记错、算错，成果是否符合精度要求，起算数据是否准确。然后绘制导线略图，把各项数据注于图上相应位置，再将校核过的外业观测数据及起算数据填入坐标计算表，进行内业计算。最后将合格的导线点坐标成果资料上交。

知识小结

一、经纬仪及使用

1. 光学经纬仪的技术操作方法

对中—整平—瞄准—读数

其中，经纬仪的安置包括整平和对中。

2. 光学经纬仪几何轴线之间的关系

视准轴垂直横轴（$CC \perp HH$）；横轴垂直仪器竖轴（$HH \perp VV$）；水准管轴垂直仪器竖轴（$LL \perp VV$）；竖盘指标差为零（$X=0$）；光学对中器视准轴与仪器竖轴重合；十字丝竖丝垂直横轴。

二、水平角测量

1. 水平角

水平角即地面上两条直线之间的夹角在水平面上的投影。

2. 用测回法观测水平角

(1) 盘左

从左目标 A 至右目标 B 按顺时针方向观测；半测回角值 $\beta_{左}=b_1-a_1$；

(2) 盘右

从右目标 B 至左目标 A 按逆时针方向观测；半测回角值为 $\beta_{右}=b_2-a_2$；

(3) 水平角

$\beta=1/2(\beta_{左}+\beta_{右})$；

(4) 记录

计算见表2-1。

三、竖直角测量

1. 竖直角

竖直角即视线与水平线之间的夹角。

2. 竖直角计算公式的确定

(1) 检核竖直角计算公式

$$\begin{cases}\alpha_{左} = L - 90° \\ \alpha_{右} = 270° - R\end{cases} \text{或} \begin{cases}\alpha_{左} = 90° - L \\ \alpha_{右} = R - 270°\end{cases}$$

(2)计算平均竖直角值

$$\alpha = \frac{1}{2}(\alpha_{左} + \alpha_{右})$$

(3)计算竖盘指标差

$$X = \frac{1}{2}(L+R-360)$$

四、直线定向

①直线定向——确定直线方向与标准方向之间的关系。

②标准方向：真子午线方向；磁子午线方向；坐标纵轴方向。

③直线方向的表示：

直线方向常用方位角表示。

方位角——以标准方向为起始方向顺时针转到该直线的水平夹角。

坐标方位角——以坐标纵轴方向为起始方向顺时针转到该直线的水平夹角。

正、反方位角——条直线的正、反坐标方位角相差180°，即 $\alpha_{12}=\alpha_{21}\pm180°$。

五、罗盘仪及使用

罗盘仪是利用磁针确定直线方向的一种仪器。其使用方法如下：

在站点安置罗盘仪—照准目标—松开磁针制动螺旋—待磁针静止后读取磁方位角数值。

六、全站仪及使用

1. 全站仪的测量功能

全站仪可以进行角度(水平角、竖直角)测量，距离测量，坐标测量。

2. 全站仪的基本操作

(1)识别显示窗及操作键

(2)安置仪器与棱镜

(3)开机并确定测量模式

(4)进行角度测量或距离测量

(5)进行坐标测量

七、全站仪导线测量

1. 基本公式

(1)导线坐标正算公式

$$X_i = X_{i-1} + \Delta X_{i-1,\,i} = X_{i-1} + D_{i-1,\,i} \cdot \cos\alpha_{i-1,\,i}$$

$$Y_i = Y_{i-1} + \Delta Y_{i-1,\,i} = Y_{i-1} + D_{i-1,\,i} \cdot \sin\alpha_{i-1,\,i}$$

(2)导线坐标反算公式

边长

$$D_{i-i,\ i}=\sqrt{\Delta X_{i-i,\ i}{}^{2}+\Delta Y_{i-i,\ i}{}^{2}}$$

$$\Delta X_{i-1,\ i}=X_i-X_{i-1}$$

$$\Delta Y_{i-1,\ i}=Y_i-Y_{i-1}$$

反算角值

$$\alpha'=\tan^{-1}\frac{\Delta Y}{\Delta X}$$

当 $\Delta X<0$ 时，坐标方位角 $\alpha=\alpha'+180°$；

当 $\Delta X>0$ 时，坐标方位角 $\alpha=\alpha'+360°$。

(3)坐标方位角的推算

$$\alpha_{前}=\alpha_{后}\pm180°\begin{matrix}+\beta_{左}\\-\beta_{右}\end{matrix}$$

当 $\alpha_{后}>180°$时，取“-”；当 $\alpha_{后}<180°$时，取“+”。

2. 闭合导线坐标计算

(1)计算角度闭合差 f_β 并进行调整

$$f_\beta=\sum\beta_{测}-(n-2)\cdot180° \quad V_{\beta_i}=-\frac{f_\beta}{n}$$

(2)推算各边的坐标方位角

(3)计算各边的坐标增量 ΔX、ΔY

$$\Delta X=D\cdot\cos\alpha$$

$$\Delta Y=D\cdot\sin\alpha$$

(4)计算纵、横坐标增量闭合差 f_X、f_Y 和导线全长闭合差 f_D 及相对误差 K，并进行增量闭合差调整

$$f_X=\sum\Delta X_{算} \qquad f_Y=\sum\Delta Y_{算} \qquad f_D=\sqrt{f_x^2+f_y^2}$$

$$K=\frac{1}{\sum\frac{D}{f_D}} \qquad V_{\Delta X_i}=-\frac{f_X}{\sum D}\cdot D_i \qquad V_{\Delta Yi}=-\frac{f_Y}{\sum D}\cdot D_i$$

(5)计算各导线点的坐标 X_i，Y_i

$$X_i=X_{i-1}+\Delta X_{i-1,\ 1}$$

$$Y_i=Y_{i-1}+\Delta Y_{i-1,\ 1}$$

3. 附合导线坐标计算

附合导线坐标计算步骤与闭合导线相同，只是角度闭合差 f_β 和纵、横坐标增量闭合差 f_X、f_Y 的计算公式不同而已。

八、三角高程测量

高程计算公式：

$$H_B=H_A+h_{AB}=H_A+D\cdot\tan\alpha+i-s$$

知识检验

一、填空题

1. 经纬仪进行测量前的安置工作包括对中和____________两个主要步骤。
2. 经纬仪中的三轴误差是指(　　　　　)、(　　　　　)和(　　　　　)。
3. 竖直角有正、负之分，仰角为(　　　　　)，俯角为(　　　　　)。
4. 直线定向所依据的标准方向线有(　　　　　)、(　　　　　)和(　　　　　)。
5. 某直线的坐标方位角 $\alpha_{AB}=170°$，则 α_{BA} 等于(　　　　　)。
6. 罗盘仪是一种测定直线(　　　　　　　)的仪器。
7. 控制测量分为(　　　　　)、(　　　　　)两大类。
8. 经纬仪十字丝板上的上丝和下丝主要是在测量(　　　　　)时使用。

二、判断题

1. 竖直角是在同一竖直面内视线与水平线的夹角。(　　)
2. 当经纬仪的望远镜在同一竖直面内上下转动时，水平度盘读数相应改变。(　　)
3. 用经纬仪盘左、盘右观测水平角可以消除视准轴与横轴不垂直的误差。(　　)
4. 由子午线北端逆时针量到某一直线的夹角称为该直线的方位角。(　　)
5. 闭合导线各点的坐标增量代数和的理论值应等于0。(　　)
6. 一条直线的正、反方位角之差应为180°。(　　)
7. 平面控制测量只有导线一种形式。(　　)

三、选择题

1. 经纬仪观测某一点的水平方向值时，如果在该点竖立花杆作为观测标志，那么瞄准部位尽可能选择花杆的(　　)。

   A. 底部　　B. 顶部　　C. 中部

2. 水平角观测时，采用盘左、盘右观测是为了消除(　　)。

   A. 十字丝误差　　B. 对中误差　　C. 视准轴与横轴不垂直的误差

3. 以下测量中不需要进行对中操作是(　　)。

   A. 水平角测量　　B. 水准测量　　C. 垂直角测量　　D. 三角高程测量

4. 已知直线 AB 的坐标方位角为186°，则直线 BA 的坐标方位角是(　　)。

   A. 96°　　B. 276°　　C. 6°

5. 罗盘仪可以测定一条直线的(　　)。

   A. 真方位角　　B. 磁方位角　　C. 坐标方位角

6. 测量竖直角时，采用盘左、盘右观测，其目的之一是可以消除(　　)对竖直角的影响。

   A. 对中误差　　B. 2C 差　　C. 指标差

7. 经纬仪观测某一点的水平方向值时，应该用(　　)瞄准目标。

A. 十字丝交点　　　　B. 横丝　　　　C. 竖丝

四、简答题

1. 经纬仪的技术操作包括哪些？
2. 试述经纬仪对中、整平的步骤。
3. 试述用测回法观测水平角的观测程序。
4. 试述光学经纬仪观测竖直角的操作步骤。
5. 经纬仪有哪些主要轴线？它们之间应满足怎样的几何关系？为什么必须满足这些几何关系？
6. 观测水平角时采用盘左、盘右观测方法，可以消除哪些误差对测角的影响？
7. 什么是坐标正算？什么是坐标反算？坐标反算时，坐标方位角如何确定？
8. 什么叫坐标方位角、正(反)方位角？
9. 全站仪有哪些主要功能？
10. 导线测量的目的是什么？其外业工作如何进行？
11. 如何计算闭合导线和附合导线的角度闭合差？
12. 何谓导线坐标增量闭合差？何谓导线全长相对闭合差？坐标增量闭合差是根据什么原则进行分配的？
13. 闭合导线与附合导线的内业计算有何异同点？
14. 试述全站仪三角高程测量的全过程。

五、计算题

1. 用测回法观测水平角，其观测数据见表2-14，试计算各测回角值。
2. 某测量小组利用全站仪测三角高程，已知测站点 A 高程为100m，仪器高为1.3m，棱镜高为1.5m，所测的竖直角为3°26′，AB 间斜距为478.568m。求 AB 间平距及 B 点高程。

表2-14

测站	盘位	目标	水平度盘读数(° ′ ″)	水平角(° ′ ″) 半测回水平角	水平角(° ′ ″) 测回值	备注
O	左	A	00 00 12			（图：O、A、B）
		B	304 40 30			
	右	A	180 00 48			
		B	124 40 54			
M	左	C	00 01 10			（图：M、C、D）
		D	60 40 20			
	右	C	180 02 40			
		D	240 41 40			

3. 在 O 点架设经纬仪，观测 M、N 两点，其竖盘读数见表 2-15。

(1)试计算各竖直角；

(2)求竖盘指标差 X。

表 2-15

测站	目标	盘位	竖盘读数 (° ′ ″)	半测回竖直角 (° ′ ″)	指标差	一测回竖直角 (° ′ ″)	备注
O	M	左	69 17 24				
		右	290 41 54				
	N	左	98 35 48				
		右	261 23 40				

4. 某闭合导线，其横坐标增量总和为-0. 35m，纵坐标增量总和为+0. 46m，如果导线总长度为 1216. 39m。试计算导线全长相对闭合差和边长每 100m 的坐标增量改正数。

5. 如图 2-63 所示，支导线计算的起算数据为：

M(5328265. 189　　47354287. 354)

N(5328271. 546　　47354886. 752)

观测数据为：$\beta=84°26'24''$

$D=218.438$m

试计算 P 点的坐标值。

6. 置仪器于三角点 A(3992. 54m，9674. 50m)，B(4681. 04m，9850. 00m)处，观测导线点 P，并测得角值为 $\alpha=53°07'44''$，$\beta=56°06'07''$(图 2-64)。试用前方交会公式求 P 点坐标。

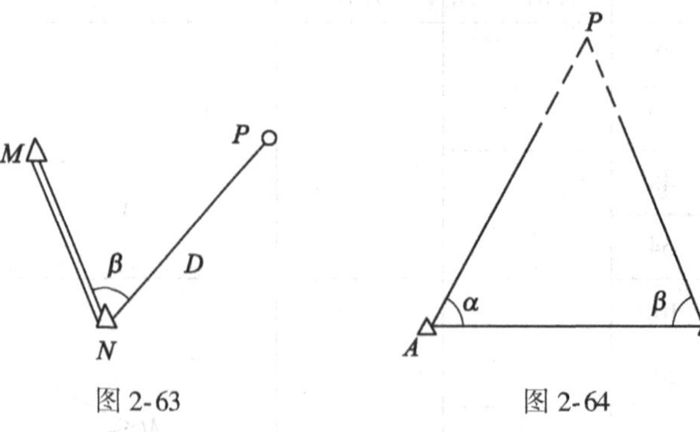

图 2-63　　图 2-64

项目综合训练

每个小组设计一条闭合导线，自己选取5个导线点，建立标志，在已知两个导线点坐标(或已知一个导线点和一边坐标方位角)的前提下，通过外业测量(全站仪测角、测距)与内业计算得到合格的图根导线点成果资料。

1. 仪器准备

每组在仪器室借领：全站仪1台、棱镜2块，木桩5个，斧子1把，导线外业记录表格、导线内业计算表格。

2. 每个小组平均由5名同学组成，其中立镜员2名、记录员1名、观测员1名，每个同学可观测一站，采取轮换制，最终以小组的观测成果为评价标准。

项目3 测量数据的简易处理

☞ 项目导入

任何测量数据都是有误差的，作为一名测绘工作者，如何根据外业测量数据进行分析，剔除粗差，从而得到观测值的最可靠值，同时能对观测结果做出精度评定呢？在该项目中，主要是学习相关的误差理论基本知识，应用误差理论知识解决测量实际问题。

☞ 知识与技能目标

- 掌握偶然误差概念及特性；
- 会求等精度观测值最可靠值；
- 能够评定观测值的精度；
- 会计算观测值函数值的中误差。

工作任务1 观测值最可靠值的计算

一、误差基本知识

在测量工作中，对某量(如某一个角度、某一段距离或某两点间的高差等)进行多次观测，所得的各次观测结果总是存在着差异，这种差异实质上表现为每次测量所得的观测值与该量的真值之间的差值，这种差值称为测量误差，常用Δ来表示，即

$$测量误差(\Delta)=真值-观测值$$

1. 测量误差产生的原因

(1)仪器设备

测量工作是利用测量仪器进行的，而每一种测量仪器都具有一定的精确度，因此，会使测量结果受到一定影响。例如，钢尺的实际长度和名义长度总存在差异，由此所测的长度总存在尺长误差。再如，水准仪的视准轴不平行于水准管轴，也会使观测的高差产生i角误差。

(2)观测者

由于观测者感觉器官的鉴别能力存在一定的局限性，所以，对于仪器的对中、整平、瞄准、读数等操作都会产生误差。例如，在厘米分划的水准尺上，由观测者估读毫米数，则1mm以下的估读误差是完全有可能产生的。另外，观测者的技术熟练程度、工作态度等，也会给观测成果带来不同程度的影响。

(3)外界环境

观测时所处的外界环境中的温度、风力、大气折光、湿度、气压等客观情况时刻在变化，都会使测量结果产生误差。例如，温度变化使钢尺产生伸缩，大气折光使望远镜的瞄准产生偏差等。

上述三方面的因素是引起观测误差的主要来源，因此把这三方面因素综合起来，称为观测条件。观测条件的好坏与观测成果的质量有着密切的联系。在同一观测条件下的观测称为等精度观测；反之，称为不等精度观测。相应的观测值称为等精度观测值和不等精度观测值。本项目讨论的内容均为等精度观测。

2. 观测误差分类

(1)系统误差

在相同的观测条件下，对某量进行一系列的观测，若观测误差的符号及大小保持不变，或按一定的规律变化，则这种误差称为系统误差。这种误差往往随着观测次数的增加而逐渐积累。如某钢尺的注记长度为30m，经鉴定后，它的实际长度为30.016m，即每量一整尺，就比实际长度量小0.016m，也就是每量一整尺段就有+0.016m的系统误差。这种误差的数值和符号是固定的，误差的大小与距离成正比，若丈量了5个整尺段，则长度误差为5×(+0.016)=+0.080m。若用此钢尺丈量结果为167.213m，则实际长度为

$$167.213+\frac{167.213}{30}\times 0.016=167.213+0.089=167.302(\mathrm{m})$$

由此可见，系统误差对观测结果影响较大，因此必须采用各种方法加以消除或减少影响。比如，用改正数计算公式对丈量结果进行改正。

再例如，角度测量时，经纬仪的视准轴不垂直于横轴而产生视准轴误差，水准尺刻划不精确引起读数误差，以及由于观测者照准目标时，总是习惯于偏向中央某一侧，而使观测结果带有误差等，这些都属于系统误差。其常用的处理方法有：

①检校仪器，把系统误差降低到最小程度。

②加改正数，在观测结果中加入系统误差改正数，如尺长改正等。

③采用适当的观测方法，使系统误差相互抵消或减弱，如测水平角时采用盘左、盘右观测，并在每个测回起始方向上改变度盘的配置等。

(2)偶然误差

在相同的观测条件下作一系列观测，若误差的大小及符号都表现出偶然性，即从单个误差来看，该误差的大小及符号没有规律，但从大量误差的总体来看，具有一定的统计规律，则这类误差称为偶然误差或随机误差。例如，用经纬仪测角时，测角误差实际上是许多微小误差项的总和，而每项微小误差随着偶然因素影响不断变化，因而测角误差也表现出偶然性。对同一角度的若干测回观测，其值不尽相同，观测结果中不可避免地存在着偶然误差的影响。

除上述两类误差之外，还可能发生错误，也称粗差，如读错、记错等。这主要是由于粗心大意而引起。一般粗差值大大超过系统误差或偶然误差。粗差不属于误差范畴，不仅大大影响测量成果的可靠性，甚至造成返工，因此必须采取适当的方法和措施，杜绝错误发生。

二、偶然误差的统计特性

偶然误差是由多种因素综合影响产生的，观测结果中不可避免地存在偶然误差，因而

偶然误差是误差理论主要研究的对象。由前面的内容可知，就单个偶然误差而言，其大小和符号都没有规律性，呈现出随机性，但就其总体而言，却呈现出一定的统计规律性，并且是服从正态分布的随机变量，即在相同观测条件下，大量偶然误差分布表现出一定的统计规律性。

例如，在相同的观测条件下，对217个三角形的内角进行独立观测，由于观测值带有偶然误差，故平面三角形三个内角观测值之和不等于真值180°，各个三角形内角和真误差Δ_i由下式算出：

$$\Delta_i = X - L_i \tag{3-1}$$

式中：L_i为第i个三角形内角观测值之和，X为真值(180°)。若取误差区间间隔$d_\Delta = 3''$，将上述217个真误差按其正负号与数值大小排列，统计误差出现在各个区间内的个数是k，“误差出现在某个区间内”这一事件的频率是k/n(此处，$n=217$)，其结果列于表3-1。

表3-1 **三角形内角和真误差统计表**

误差区间 d	正误差		负误差		合计	
	个数 k	频率 k/n	个数 k	频率 k/n	个数 k	频率 k/n
0″~3″	30	0.138	29	0.134	59	0.272
3″~6″	21	0.097	20	0.092	41	0.189
6″~9″	15	0.069	18	0.083	33	0.152
9″~12″	14	0.065	16	0.073	30	0.138
12″~15″	12	0.055	10	0.046	22	0.101
15″~18″	8	0.037	8	0.037	16	0.074
18″~21″	5	0.023	6	0.028	11	0.051
21″~24″	2	0.009	2	0.009	4	0.018
24″~27″	1	0.005	0	0	1	0.005
27″以上	0	0	0	0	0	0
合计	108	0.498	109	0.502	217	1.000

从表3-1可以看出，偶然误差具有以下性质：

①在一定的观测条件下，偶然误差的绝对值不会超过一定的限值，也称有界性。

②绝对值小的误差比绝对值大的误差出现的机会多，也称单峰性。

③绝对值相等的正、负误差出现的机会基本相等，也称对称性。

④偶然误差的算术平均值随着观测次数的无限增加而趋于零，也称补偿性。

误差的分布情况除了采用表3-1的形式表达外，还可用图形来表达。例如，以横坐标表示误差的大小，以纵坐标表示各区间内误差出现的频率除以区间的间隔值，即$\frac{k/n}{d_\Delta}$，根据表3-1的数据绘制出图3-1。此时，图中每一个误差区间上的长方条面积就代表误差出现在该区间内的频率，图中画斜线的长方条面积就代表误差出现在3″~6″区间内的频率为0.092，这种图称为直方图，它形象地表示了误差分布情况。

当在同一观测条件下，随着观测个数的无限增多，即 $n \to \infty$，误差出现在各区间的频率也就趋于一个确定的数值，这就是误差出现在各区间的概率。就是说，在一定的观测条件下，对应着一种确定的误差分布，若 $n \to \infty$，则 $d_\Delta \to 0$，图3-1中各长方条顶边所形成的折线将变成图3-2所示的一条光滑曲线。该曲线就是误差的概率分布曲线，或称为误差分布曲线。

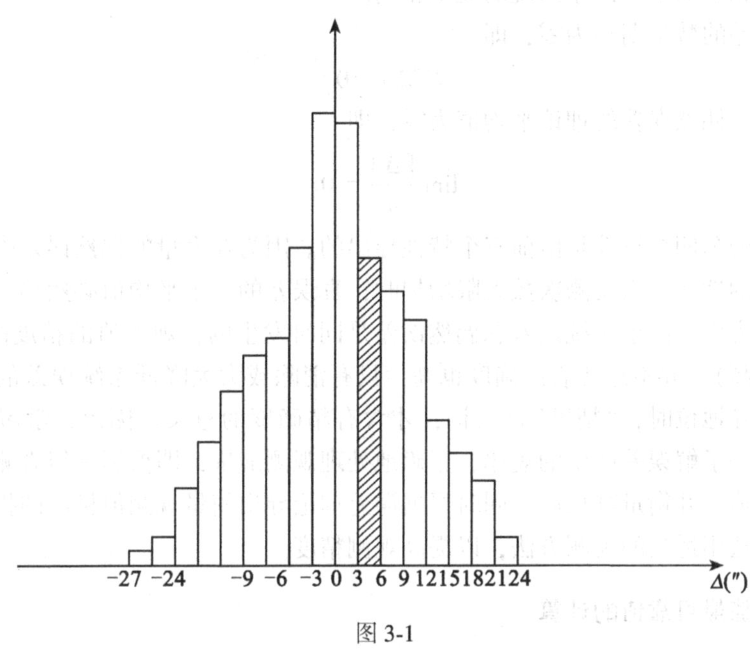

图 3-1

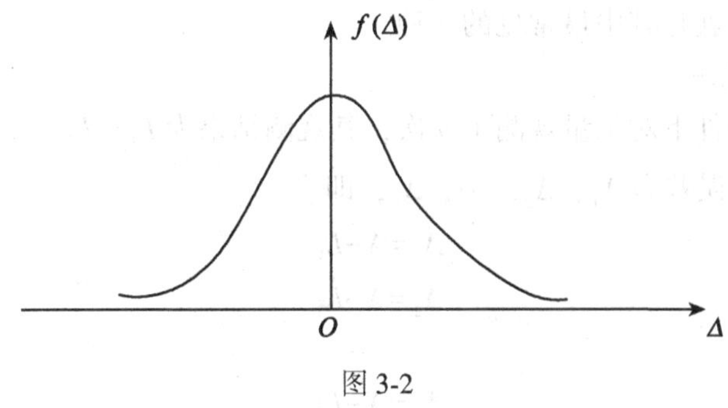

图 3-2

由此可见，偶然误差的频率分布随着 n 的逐渐增大，都是以正态分布为其极限的。通常也称偶然误差的频率分布为其经验分布，而将正态分布称为它们的理论分布，这样 Δ 的概率密度式为

$$f(\Delta) = \frac{1}{\sqrt{2\pi}\,\sigma} e^{-\frac{\Delta^2}{2\sigma^2}}$$

式中：σ 为标准差，在测量上称中误差。

而误差出现在某一区间内的概率为

$$P(\Delta)=f(\Delta)d_{\Delta}$$

通过以上讨论，可以概括出偶然误差如下的四个特性：

①在一定的观测条件下，误差的绝对值有一定的限值，或者说，超出一定限值的误差其出现的概率为零。

②绝对值较小的误差比绝对值较大的误差出现的概率大。

③绝对值相等的正负误差出现的概率相同。

④偶然误差的数学期望为零，即

$$E(\Delta)=0$$

换句话说，偶然误差的理论平均值为零，即

$$\lim\frac{[\Delta]}{n}=0 \tag{3-2}$$

偶然误差的第四个特性是由前三个特性导出的。因为在大量的偶然误差中，正、负误差有互相抵消的性能，当观测次数无限增加时，真误差的算术平均值必然趋向于零。

在观测过程中，由于系统误差和偶然误差是同时发生的，观测值的精度高(观测值之间的离散程度高)，并不意味着准确度也高，只有消除或大大降低系统误差的影响，使偶然误差处于主导地位时，“精度”这一词，才含有精确度的意义。因此，学习误差基本知识的目的，就是了解误差产生的规律，正确地处理观测成果，即根据一组观测数据求出未知量的最可靠值，并衡量其精度，同时根据误差理论导出衡量观测值精度的指标，用以指导测量工作，选用适当的观测方法，以提高观测精度。

三、观测值最可靠值的计算

研究误差的目的之一，就是把带有误差的观测值给予适当处理，以求得最可靠值。取算术平均值的方法，就是其中最常见的一种。

1. 算术平均值原理

在等精度观测条件下对某量观测了 n 次，其观测结果为 L_1，L_2，…，L_n。设该量的真值为 X，观测值的真误差为 Δ_1，Δ_2，…，Δ_n，即

$$\begin{gathered}\Delta_1=X-L_1\\ \Delta_2=X-L_2\\ \cdots\cdots\\ \Delta_n=X-L_n\end{gathered}$$

将上列各式求和，得

$$\sum_{i=1}^{n}\Delta=nX-\sum_{i=1}^{n}L$$

上式两端各除以 n，得

$$\frac{\sum\limits_{i=1}^{n}\Delta}{n}=X-\frac{\sum\limits_{i=1}^{n}L}{n}$$

令

$$\frac{\sum_{i=1}^{n}\Delta}{n}=\delta \qquad \frac{\sum_{i=1}^{n}L}{n}=x$$

代入上式，移项后，得

$$X=x+\delta$$

式中：δ 为 n 个观测值真误差的平均值，根据偶然误差的第四个性质，当 $n\to\infty$ 时，$\delta\to 0$，则有

$$\delta=\lim_{n\to\infty}\frac{\sum_{i=1}^{n}\Delta}{n}=0$$

这时，算术平均值就是某量的真值，即

$$x=\frac{\sum_{i=1}^{n}L}{n} \tag{3-3}$$

在实际工作中，观测次数总是有限的，也就是只能采用有限次数的观测值来求得算术平均值，即

$$x=\frac{\sum_{i=1}^{n}L}{n}$$

x 是根据观测值所能求得的最可靠的结果，称为最或是值或算术平均值。

2. 最或是误差（改正数）及特性

最或是值与观测值之差称为最或是误差，又称为观测值改正数，用 V 表示，即

$$V_i=x-L_i \quad (i=1,\ 2,\ \cdots,\ n)$$

取其和，得

$$\sum_{i=1}^{n}V=nx-\sum_{i=1}^{n}L$$

因为

$$x=\frac{\sum_{i=1}^{n}L}{n}$$

所以

$$\sum_{i=1}^{n}V=0 \tag{3-4}$$

这是最或是误差的一大特征，常用作计算上的校核。

工作任务2　测量结果的精度评定

一、评定观测值精度的标准

研究误差的又一目的，是评定观测值的精度。要判断观测误差对观测结果的影响，必须建立衡量观测值精度的标准，在等精度的观测条件下，若偶然误差较集中于零附近，说明其误差分布的离散度小，表明该组观测质量较好，也就是观测精度高；反之，说明其误

差分布离散度大，表明该组观测质量较差，也就是观测精度低。所谓精度，就是误差分布的离散程度。衡量离散程度的大小可用精度来衡量，衡量精度的指标有多种，其中最常用的有以下几种：

1. 中误差

(1)用真误差来计算中误差

在等精度观测条件下，对真值为 X 的某一量进行 n 次观测，其观测值为 L_1，L_2，…，L_n，相应的真误差为 Δ_1，Δ_2，…，Δ_n。取各真误差平方的平均值的平方根，称为该量各观测值的中误差，以 m 表示，即

$$\Delta_i = X - L_i \tag{3-5}$$

$$m = \pm\sqrt{\frac{\sum_{i=1}^{n}\Delta^2}{n}} = \pm\sqrt{\frac{[\Delta\Delta]}{n}} \tag{3-6}$$

例 1 对同一三角形用不同的仪器分两组各进行了十次观测，每次测得内角和的真误差 Δ 为：

第一组：+3″、−3″、+4″、−2″、0″、+3″、−2″、+1″、−1″、0″

第二组：−1″、0″、+8″、+2″、−3″、−7″、0″、+1″、−2″、−1″

求两组观测值的中误差，并比较其精度。

解：
$$m_1 = \pm\sqrt{\frac{3^2+3^2+4^2+2^2+0^2+3^2+2^2+1^2+1^2+0^2}{10}} = \pm 1.3''$$

$$m_2 = \pm\sqrt{\frac{1^2+0^2+8^2+2^2+3^2+7^2+0^2+1^2+2^2+1^2}{10}} = \pm 2.7''$$

由于 $m_1<m_2$，说明第一组观测值的离散度小于第二组，故前者的观测精度高于后者。

(2)用改正数来确定中误差

在实际工作中，未知量的真值往往不知道，真误差也无法求得，所以常用最或是误差(即改正数)来确定中误差。由前述知观测值中误差计算公式为式(3-5)，但由于观测量的真值 X 往往未知，所以其真误差 Δ 也不知道，故按式(3-5)求中误差有很大的局限性。下面通过观测值的改正数 V_i求其中误差。当求出观测值最或然值 x 以后，有

$$V_i = x - L_i \quad (i=1,\ 2,\ \cdots,\ n) \tag{3-7}$$

分析式(5-6)及式(5-7)，有

$$\Delta_i = V_i + X - x = V_i + \delta \qquad (i = 1,\ 2,\ \cdots,\ n)$$

将上式两边平方并求和，得

$$[\Delta\Delta] = [VV] + 2\delta[V] + n\delta^2 \tag{3-8}$$

由式(3-7)知 $[V] = n\cdot x - [L]$ $\quad x = \dfrac{[L]}{n}$

故 $[V]=0$，即在同精度直接平差中，各改正数总和等于零，这是最或是误差的特性。故式(3-8)右边第二项为零。

而
$$\delta = \frac{[\Delta]}{n}$$

$$\delta^2 = \frac{[\Delta\Delta]}{n^2}$$

故有

$$[\Delta\Delta]=[VV]+\frac{[\Delta\Delta]}{n}$$

即

$$\frac{[\Delta\Delta]}{n}=\frac{[VV]}{n-1}$$

所以

$$m=\pm\sqrt{\frac{[VV]}{n-1}} \tag{3-9}$$

而算术平均值的中误差为

$$m_x=\frac{m}{\sqrt{n}}=\pm\sqrt{\frac{[VV]}{n(n-1)}} \tag{3-10}$$

例2　设用经纬仪测量某角5个测回，观测值列于表3-2中，求观测值的中误差。

表3-2

观测次数	观测值 L	$\Delta L=L-L_0$	$V=x-L$	VV	计算
1	56°32′20″	+20	−14	196	$x=L_0+\frac{\sum_{i=1}^{5}\Delta L}{5}=56°32'06''$
2	56°32′00″	00	+6	36	
3	56°31′40″	−20	+26	676	校核 $\sum_{i=1}^{5}V=0$
4	56°32′00″	00	+6	36	
5	56°32′30″	+30	−24	576	$m=\pm\sqrt{\frac{\sum_{i=1}^{5}V^2}{n-1}}=\pm\sqrt{\frac{1520}{5-1}}\ \pm19.5''$
	$L_0=56°32'00''$	+30	0	1520	

2. 容许误差

由偶然误差的第一特性可以知道，在一定的观测条件下，偶然误差的绝对值不超过一定的限值。根据误差理论和大量的实践证明，在一系列等精度观测误差中，大于两倍中误差的个数占总数的5%，大于三倍中误差的个数占总数的0.3%，因此，测量上常取2倍或3倍中误差为误差的限值，称为容许误差，即

$$\left.\begin{aligned}\Delta_{容}&=\pm 2m\\ \Delta_{容}&=\pm 3m\end{aligned}\right\} \tag{3-11}$$

3. 相对误差

衡量测量成果的精度，有时用中误差还不能完全表达观测结果的优劣。例如，用钢尺分别丈量两段距离，其结果为100m和200m，中误差均为2cm。显然，后者的精度比前者要高。也就是说，观测值的精度与观测值本身的大小有关。相对误差是中误差的绝对值与观测值的比值。通常以分子为1的分数形式来表示，即

$$K=\frac{|m|}{L}$$

$$K=\frac{1}{\frac{L}{|m|}} \tag{3-12}$$

如上述，前者的相对误差 $K_1=\frac{0.020}{100}=\frac{1}{5000}$，后者的相对误差 $K_2=\frac{0.020}{200}=\frac{1}{10000}$，说明后者比前者精度高。相对误差是个无名数，而真误差、中误差、容许误差则是带有测量单位的数值。

二、观测值的函数值的中误差

1. 线性函数

在测量工作中，有些未知量不可能直接测量，或者是不便于直接测定，而是利用直接测定的观测值按一定的公式计算出来。如高差 $h=a-b$，就是直接观测值 a、b 的函数。若已知直接观测值 a、b 的中误差 m_a、m_b后，求出函数 h 的中误差 m_h，即为观测值函数的中误差。

设有函数

$$F=K_1x_1\pm K_2x_2\pm\cdots\pm K_{nX_n} \tag{3-13}$$

式中：F 为线性函数；K_i 为常数；X_i 为独立观测值。

设 x_1的中误差为 m_1，函数 F 的中误差为 m_F，经推导得

$$m_F^2=(K_1m_1)^2+(K_2m_2)^2+\cdots+(K_nm_n)^2 \tag{3-14}$$

即观测值函数中误差的平方，等于常数与相应观测值中误差乘积的平方和。

例 3 在 1∶500 比例尺地形图上，量得 A、B 两点间的距离 $S=163.6$mm，其中误差 $m_s=0.2$mm。求 A、B 两点实地距离 D 及其中误差 m_D。

解：$D=MS=500\times163.6(\text{mm})=81.8(\text{m})$ （M 为比例尺分母）

$$m_D=Mm_S=500\times0.2(\text{mm})=\pm0.1(\text{m})$$

所以

$$D=81.8\pm0.1(\text{m})$$

例 4 在△ABC 中，∠A 和∠B 的观测中误差 m_A和 m_B分别为±3″和±4″。试推算∠C 的中误差 m_C。

解：$\angle C=180°-(\angle A+\angle B)$

因为 180°是已知数据没有误差，则得

$$m_C^2=m_A^2+m_B^2$$

所以

$$m_C=\pm5''$$

例 5 某水准路线各测段高差的观测值中误差分别为 $h_1=18.316\text{m}\pm5\text{mm}$，$h_2=8.171\text{m}\pm4\text{mm}$，$h_3=-6.625\text{m}\pm3\text{mm}$。试求总的高差及其中误差。

解：$h=h_1+h_2+h_3=18.316+8.171-6.625=16.862(\text{m})$

$$m_h^2=m_1^2+m_2^2+m_3^2=5^2+4^2+3^2$$

$$m_h=\pm7.1(\text{mm})$$

所以

$$h=16.862\text{m}\pm7.1\text{mm}$$

例 6 设对某一未知量 P 在相同观测条件下进行多次观测，观测值分别为 L_1，L_2，…，L_n，其中误差均为 m。求算术平均值 x 的中误差 M。

解：

$$x=\frac{\sum_{i=1}^{n}L}{n}=\frac{L_1+L_2+\cdots+L_n}{n}$$

式中：$\frac{1}{n}$ 为常数。根据式(3-10)，算术平均值的中误差为

$$M^2 = \left(\frac{1}{n}m_1\right)^2 + \left(\frac{1}{n}m_2\right)^2 + \cdots + \left(\frac{1}{n}m_n\right)^2$$

因为 $m_1 = m_2 = \cdots m_n = m$，得

$$M = \pm\frac{m}{\sqrt{n}} \tag{3-15}$$

从式中可知，算术平均值中误差是观测值中误差的 $\frac{1}{\sqrt{n}}$ 倍，观测次数越多，算术平均值的误差越小，精度越高。但精度的提高仅与观测次数的平方根成正比，当观测次数增加到一定次数后，精度就提高得很少，所以增加观测次数只能适可而止。

例7 表3-2中，观测次数 $n=5$，观测值中误差 $m=\pm 19.5''$。求算术平均值的中误差。

解：

$$M = \pm\frac{m}{\sqrt{n}} = \frac{19.5}{\sqrt{5}} = \pm 8.7''$$

例8 由三角形闭合差计算测角中误差。

三角形的三个内角之和在理论上等于180°，而实际上，由于观测时的误差影响，使三内角之和与理论值会有一个差值，这个差值称为三角形闭合差。

设等精度观测 n 个三角形的三内角分别为 a_i、b_i 和 c_i，其测角中误差均为 $m_\beta = m_a = m_b = m_c$，各三角形内角和的观测值与真值180°之差为三角形闭合差 f_{β_1}，f_{β_2}，…，f_{β_n}，即真误差，其计算关系式为：

$$f_{\beta_i} = a_i + b_i + c_i - 180°$$

根据式(3-14)得中误差关系式为

$$m_{f\beta}^2 = m_a^2 + m_b^2 + m_c^2 = 3m_\beta^2$$

所以

$$m_{f_\beta} = \pm m\sqrt{3}$$

由此得测角中误差为

$$m_{f_\beta} = \pm\frac{m_{f_\beta}}{\sqrt{3}}$$

按中误差定义，三角形闭合差的中误差为

$$m_{f_\beta} = \pm\sqrt{\frac{\sum_{i=1}^{n} f_\beta^2}{n}}$$

将此式代入上式，得

$$m_\beta = \pm\sqrt{\frac{\sum_{i=1}^{n} f_\beta^2}{3n}} \tag{3-16}$$

式(3-16)称为菲列罗公式，是小三角测量评定测角精度的基本公式。

2. 非线性函数

设有函数

$$Z = F(x_1, x_2, \cdots, x_n)$$

式中：x_1，x_2，…，x_n为具有中误差m_1，m_2，…，m_n的独立观测值，当各观测值x_i的真误差为Δ_i时，函数Z也必然产生真误差Δ_z，有

$$Z+\Delta_z=F(x_1+\Delta_1,\ x_2+\Delta_2,\ \cdots,\ x_n+\Delta_n)$$

由于Δ_i很小，对函数全微分并以真误差代替微分，即

$$\mathrm{d}Z=\frac{\partial F}{\partial x_1}\mathrm{d}x_1+\frac{\partial F}{\partial x_2}\mathrm{d}x_2+\cdots+\frac{\partial F}{\partial x_n}\mathrm{d}x_n$$

$$\Delta Z=\frac{\partial F}{\partial x_1}\Delta x_1+\frac{\partial F}{\partial x_2}\Delta x_2+\cdots+\frac{\partial F}{\partial x_n}\Delta x_n$$

可写成

$$\Delta Z=f_1\Delta x_1+f_2\Delta x_2+\cdots+f_n\Delta x_n$$

其相应的函数中误差式为

$$m_z^2=f_1^2m_1^2+f_2^2m_2^2+\cdots+f_n^2m_n^2$$

即
$$m_Z=\pm\sqrt{\left(\frac{\partial F}{\partial x_1}\right)m_1^2+\left(\frac{\partial F}{\partial x_2}\right)m_2^2+\cdots+\left(\frac{\partial F}{\partial x_n}\right)m_n^2}$$

例9 在斜坡上丈量距离，其斜距$L=247.50\text{m}$，中误差$m_L=\pm0.05\text{m}$，并测得倾斜角$\alpha=10°34'$，其中误差$m_\alpha=\pm3'$。求水平距离D及其中误差m_D。

首先列出函数式

$$D=L\cos\alpha$$

水平距离
$$D=247.50\times\cos10°34'=243.303(\text{m})$$

这是一个非线性函数，所以对函数式进行全微分，先求出各偏导值如下：

$$\frac{\partial D}{\partial L}=\cos10°34'=0.9830$$

$$\frac{\partial D}{\partial\alpha}=-L\cdot\sin10°34'=-247.50\times\sin10°34'=-45.3864$$

写成中误差形式

$$m_D=\pm\sqrt{\left(\frac{\partial D}{\partial L}\right)^2m_L^2+\left(\frac{\partial D}{\partial\alpha}\right)^2m_\alpha^2}$$

$$=\sqrt{0.9830^2\times0.05^2+(-45.3864)^2\times\left(\frac{3'}{343\ 8'}\right)^2}$$

$$=\pm0.06(\text{m})$$

故得$D=243.30\text{m}\pm0.06\text{m}$。

知识小结

一、基本概念

①测量误差=真值-观测值。

②观测误差按性质分为系统误差和偶然误差。

③最可靠值(算术平均值)：$x=\sum\limits_{i=1}^{n}\dfrac{L}{n}$（$L_1$，$L_2$，…，$L_n$为等精度观测值）

④最或是误差：$V_i=x-L_i$ （$i=1, 2, \cdots, n$） 且 $\sum_{i=1}^{n} V=0$

二、评定观测值精度的标准

1. 中误差

$$m=\pm\sqrt{\frac{\sum_{i=1}^{n}\Delta^2}{n}} \quad (\Delta_1=X-L_1,\ X\text{ 为真值})$$

$$m=\pm\sqrt{\frac{\sum_{i=1}^{n}V^2}{n-1}} \quad (V_i=x-L_i)$$

2. 允许误差

$$\Delta_{容}=\pm 2m$$

或

$$\Delta_{容}=\pm 3m$$

3. 相对误差

$$K=\frac{1}{\frac{L}{m}}$$

4. 算术平均值中误差及相对误差

$$M=\pm\frac{m}{\sqrt{n}} \qquad K=\frac{1}{\frac{x}{m}}$$

知 识 检 验

一、选择题

1. 水准尺向前或向后方向倾斜对水准测量读数造成的误差是( )。
   A. 偶然误差　　　　B. 系统误差
   C. 可能是偶然误差也可能是系统误差
   D. 既不是偶然误差也不是系统误差
2. 普通水准尺的最小分划为 1cm，估读水准尺 mm 位的误差属于( )。
   A. 偶然误差　　　　B. 系统误差
   C. 可能是偶然误差也可能是系统误差
   D. 既不是偶然误差也不是系统误差
3. 某段距离丈量的平均值为 100m，其往返较差为+4mm，其相对误差为( )。
   A. 1/25000　B. 1/25　C. 1/2500　D. 1/250
4. 设对某角观测一测回的观测中误差为±3″，现要使该角的观测结果精度达到±1.4″，需观测( )个测回。
   A. 2　B. 3　C. 4　D. 5

5. 对某边观测 4 测回，观测中误差为±2cm，则算术平均值的中误差为(　　)。
A. ±0.5cm　　B. ±1cm　　C. ±4cm　　D. ±2cm

二、简答题

1. 什么叫测量误差？产生测量误差的原因有哪些？
2. 偶然误差和系统误差各自有什么特性？
3. 什么是最或是误差？它有何特性？
4. 试述中误差、容许误差、相对误差的含义与区别。
5. 观测值函数的中误差与观测值中误差存在什么关系？

三、计算题

1. 同精度丈量某基线 8 次，各次丈量结果如下：$L_1=87.925$m，$L_2=87.917$m，$L_3=87.920$m，$L_4=87.930$m，$L_5=87.928$m，$L_6=87.93$m，$L_7=87.923$m，$L_8=87.933$m。求最或是值、观测值中误差、算术平均值中误差及其相对误差。

2. 在水准测量中，每一测站观测的中误差均为±3mm，今要求从已知水准点推测待定点的高程中误差不大于±5mm。试问：最多只能设多少站？

3. 对于某一矩形场地，量得其长度 $a=156.34$m±0.1m，宽度 $b=85.27$m±0.05m。计算该矩形场地的面积 P 及其中误差 Mp。

项目4 地形图测绘与应用

☞ 项目导入

地形图是国家进行经济建设和国防建设的重要资料。道路的选线和施工，水库的设计和修建，农业规划，工业布局，以及地质、土壤、植被、土地利用等专业考察和区域开发，都要使用地形图。在军事上，地形图尤为重要，被称为军队的眼睛；在各项工程的勘测、规划设计和施工等阶段，大比例尺地形图是非常重要的地形资料，特别是在规划设计阶段，不仅要以地形图为底图，进行总平面的布设，而且还要根据需要，在地形图上进行一定的量算工作，以便因地制宜地进行合理的规划和设计。为此，我们必须具备一定的识图、用图和绘图知识，本项目将主要介绍地形图的测绘方法及其应用方面的知识。

☞ 知识与技能目标

- 认识地形图、掌握地形图方面的基本知识；
- 掌握地形图测绘方法及绘制过程(经纬仪测绘法为主)；
- 掌握地形图检查、验收等方面知识；
- 了解数字化测图的基本原理和方法；
- 掌握地形图在工程领域的相关应用。

工作任务1 认识一幅地形图

若想很好地认识一幅地形图，必须具备下列地形图基本知识：

一、地形图的基本知识

1. 地形图的概念

地球表面的固定物体，如建筑物、道路、河流等称为地物；地球表面各种高低起伏的形态，如高山、悬崖、盆地等称为地貌。地物和地貌的总称为地形。地形图是按一定的比例尺，用规定的符号和一定的表示方法表示地物和地貌的平面位置和高程的正射投影图。

在测区面积不大的情况下，可以不考虑地球曲率的影响，而直接将地面上各种要素沿铅垂线投影到平面上，按比例尺缩绘成地形图。但是，在测区面积较大的情况下，要把地面上的地物、地貌描绘到平面图纸上，必须顾及地球曲率的影响。

2. 地形图图框外的基本要素

在地形图的图框外标绘有许多注记和图表，它们是地形图上必不可少的内容，如图4-1所示。

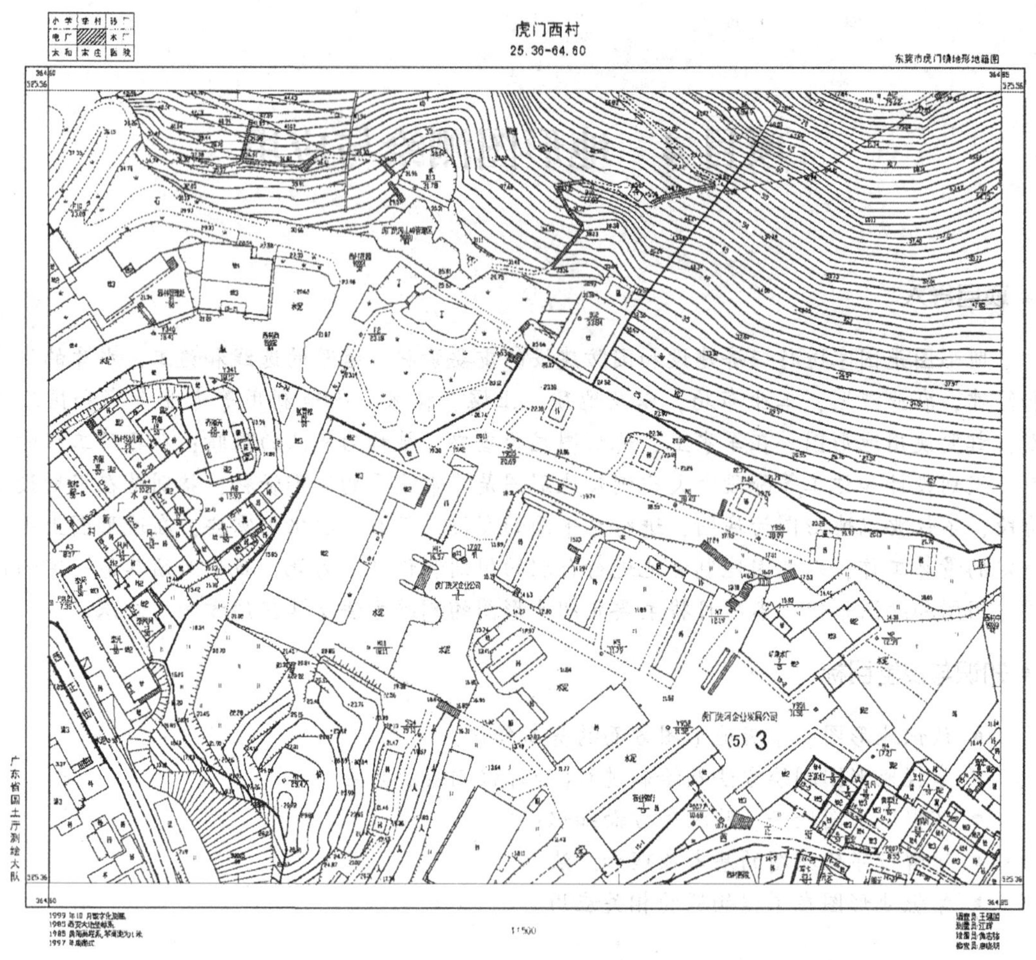

图 4-1　地形图

(1)图廓

地形图的图廓分内图廓和外图廓。

内图廓是图幅范围的边界线。由经纬线分幅的国家基本比例尺地形图，其内图廓是经线和纬线，在内图廓的四角注有该图廓点的经纬度。矩形图幅的内图廓线由纵横坐标线构成，其四角注有该图廓点的平面直角坐标值。

外图廓是绘制在内图廓外边的加粗线，它把图廓线内外的内容分开，并起到装饰作用。由经纬线分幅的地形图，在内外图廓之间还绘有分度尺，分度尺是经纬线图廓的加密分划，它是将图廓四边的经纬线长度分别按 1′的经差和纬差进行划分，并用单双线或黑白相间线段绘出。利用分度尺，可构成经纬线格网，借助格网，可以更方便、更精确地量算出图内任一点的大地坐标。

(2)图名和图号

图名和图号标注于北图廓外的中央。图名是本幅图的名称，一般用图内最著名或重要的地名命名。图号就是图的编号，注在图名的下面。在地形图的图号下面还注有本图幅范围所属的行政区划名。

(3)接图表和接合图号

在图廓外左上角绘有接图表，用于说明本图幅与相邻八个方向图幅位置的相邻关系。中央阴影部分为本幅图，四周为相邻图幅的位置和图名。为了便于查找相邻图幅，有些地形图还在四条图廓边的中部注有相邻图幅的图号，即接合图号。

(4)平面直角坐标格网

图内由相互垂直的两组直线所组成的方格网就是高斯平面直角坐标格网，在内、外图廓之间注有每条坐标格网线的纵横坐标值。根据坐标格网及其坐标值，可以确定图上任一点的高斯平面直角坐标。

在高斯投影中，由于相邻投影带的中央子午线不平行，以致两相邻投影带的纵横坐标线均斜交成一夹角。为了用图、拼图方便，规定我国基本比例尺地形图中位于投影带边缘相邻投影带重叠区内的图幅，在外图廓的外侧用短线绘制出邻带坐标格网，并注出其坐标值。

(5)比例尺

在南图廓线的下方中央，绘有直线比例尺和数字比例尺，用于图上量算距离。

(6)坡度尺

有些比例尺地形图在比例尺的左侧绘有坡度尺，坡度尺的纵线表示等高线间的平距，横线自左向右注有1°~30°的地面坡度，用来量取相邻两条或六条等高线之间的坡度。利用坡度尺在图上求坡度的方法是，用尺子在图上量取所要求的等高线之间的平距，然后在相应的坡度尺的纵线上找出同高的位置，在横线上读出坡度值。

(7)三北方向图

在南图廓线的右下方，绘有表示真子午线、磁子午线和坐标纵线(中央子午线)之间角度关系的三北方向图，如图4-2所示。

我国基本比例尺地形图中的东西内图廓线以及南、北分度尺对应端点所连成的线都是真子午线，真子午线可用来标定地图的真北方向。

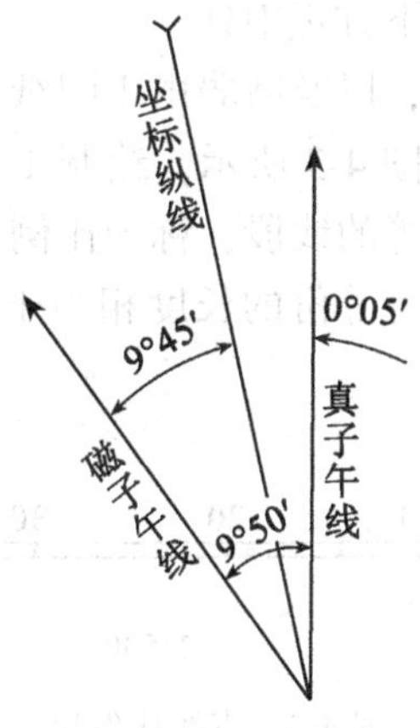

图4-2　三北方向图

(8)坐标系统和高程系统

在外图廓的左下角注有本图幅所采用的坐标系统和高程系统。我国基本比例尺地形图在 1980 年前一直采用“1954 年北京坐标系”和“1956 年黄海高程系”，以后改用“1980 年(西安)大地坐标系”和“1985 年国家高程基准”。其他地形图也有采用城市坐标系、独立平面直角坐标系及独立高程系的情况。

(9)成图方法

在外图廓的右下角注有本图的成图方法。一般分航测成图、平板仪测图、经纬仪测图和数字化测图。

(10)其他

除以上内容外，图上还标注有制图所依据的图示、测图单位、成图日期、出版日期、等高距、测量员、绘图员和检查员及地形图的密级等。

3. 地形图比例尺

地形图上任意一线段的长度与地面上相应线段的实际水平长度之比，称为地形图的比例尺。

(1)比例尺种类

①数字比例尺：一般用分子为 1 的分数形式表示。设图上某一直线的长度为 d，地面上相应线段的水平长度为 D，则图的比例尺为

$$\frac{d}{D}=\frac{1}{\frac{D}{d}}=\frac{1}{M}$$

式中：M 为比例尺分母。当图上 1cm 代表地面上水平长度 10m(即 1000cm)时，比例尺就是 1∶1000。由此可见，分母 1000 就是将实地水平长度缩绘在图上的倍数。比例尺的大小是以比例尺的比值来衡量的，分数值越大(分母 M 越小)，比例尺越大。为了满足经济建设和国防建设的需要，测绘和编制了各种不同比例尺的地形图。通常称 1∶1000000、1∶500000、1∶200000 为小比例尺地形图，1∶100000、1∶50000 和 1∶25000 为中比例尺地形图，1∶10000、1∶5000、1∶2000、1∶1000 和 1∶500 为大比例尺地形图。按照地形图图式规定，比例尺书写在图幅下方正中处。

②图示比例尺：为了用图方便，以及减弱由于图纸伸缩而引起的误差，在绘制地形图时，常在图上绘制图示比例尺。如图 4-3 所示，绘制 1∶500 的图示比例尺时，先在图上绘两条平行线，再把它分成若干相等的线段，称为比例尺的基本单位，一般为 2cm；将左端的一段基本单位又分成十等份，每等份的长度相当于实地 1m，而每一基本单位所代表的实地长度为 2cm×500＝10m。

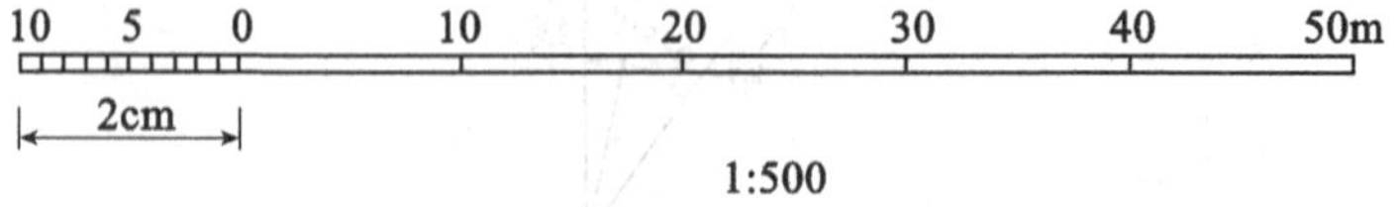

10 5 0 10 20 30 40 50m
2cm
1:500

图 4-3 直线比例尺

(2)比例尺精度

一般认为，人的肉眼能分辨的图上最小距离是0.1mm，因此，通常把图上0.1mm所表示的实地水平长度称为比例尺精度。

根据比例尺的精度，可以确定在测图时量距应准确到什么程度。例如，测绘1∶1000比例尺地形图时，其比例尺的精度为0.1m，故量距的精度只需0.1m，小于0.1m在图上表示不出来。另外，当设计规定需在图上能量出的实地最短长度时，根据比例尺的精度，可以确定测图比例尺。比例尺越大，表示地物和地貌的情况越详细，精度越高。但是必须指出，同一测区，采用较大比例尺测图往往比采用较小比例尺测图的工作量和投资都增加数倍。因此采用哪一种比例尺测图，应从工程规划、施工实际需要的精度出发，不应盲目追求更大比例尺的地形图。工程常用的几种大比例尺地形图的比例尺精度列于表4-1。

表4-1

比例尺	1∶500	1∶1000	1∶2000	1∶5000	1∶10000
比例尺精度	0.05m	0.1m	0.2m	0.5m	1m

4. 地形图的分幅和编号

为了便于测绘、管理和使用地形图，必须对大范围内的地形图进行科学、统一的分幅，并进行系统的编号。这项工作即为地形图的分幅和编号。

地形图分幅方法分为两类，一类是按经纬线分幅的梯形分幅法，常用于中、小比例尺地形图的分幅，另一类是按坐标格网分幅的矩形分幅法。

(1)矩形图幅的分幅与编号

矩形分幅是按统一的直角坐标格网划分的。当采用矩形分幅时，大比例尺地形图的编号一般采用图幅西南角坐标公里数编号法。编号时，比例尺为1∶500地形图坐标值取至0.01km，而1∶1000、1∶2000地形图则取至0.1km。

工程建设中的1∶200、1∶500、1∶1000、1∶2000、1∶5000比例尺地形图采用矩形分幅；图幅尺寸一般为50cm×50cm或40cm×50cm，尤以正方形图幅为常用。无论是正方形图幅还是矩形图幅，图廓都是以整千米数或整百米数的平面直角坐标格网线划分的，左、右图廓边为纵格网线，上、下图廓边为横格网线。各种比例尺地形图常用图幅大小的规定见表4-2。

表4-2 **矩形图幅的分幅及面积**

比例尺	图幅大小(cm^2)	实地面积(km^2)	格网线间隔(cm)	$1km^2$所含图幅数
1∶5000	40×40	4	10	1/4
1∶2000	50×50	1	10	1
1∶1000	50×50	0.25	10	4
1∶500	50×50	0.0625	10	16
1∶200	50×50	0.01	10	100

某些工矿企业和城镇面积较大，而且测绘有几种不同比例尺的地形图，编号时是以1：5000比例尺图为基础，并作为包括在本图幅中的较大比例尺图幅的基本图号。例如，某1：5000图幅西南角的坐标值 $x=20\text{km}$，$y=10\text{km}$，则其图幅编号为“20—10”。这个图号将作为该图幅中的较大比例尺所有图幅的基本图号。

(2)梯形分幅与编号

①1：1000000比例尺的分幅与编号：按国际上的规定，1：1000000的世界地图实行统一的分幅和编号，即自赤道向北或向南分别按纬差4°分成横列，各列依次用 A，B，…，V 表示。自经度180°开始起算，自西向东按经差6°分成纵行，各行依次用1，2，…，60表示。每一幅图的编号由其所在的“横列—纵行”的代号组成。例如，北京某地的经度为东经118°24′20″，纬度为39°56′30″，则所在的1：1000000比例尺图的图号为J—50。如图4-4所示。

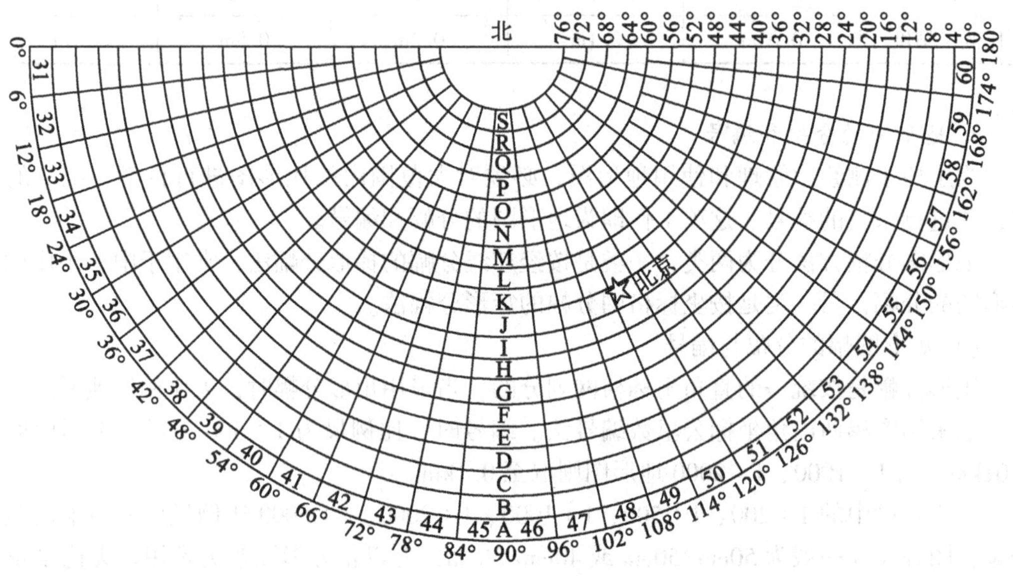

图4-4　北半球东侧1：1000000地形图的国际分幅与编号

②1：100000比例尺的分幅与编号：将一幅1：1000000的图按经差30′、纬差20′分为144幅1：100000的图，如J-50-4。1：500000和1：250000都是在1：1000000的基础上进行分幅的，如图4-5所示。

③1：50000、1：25000、1：10000比例尺的分幅与编号：这三种比例尺图的分幅编号都是以1：100000比例尺图为基础的。每幅1：100000的图，划分成4幅1：50000的图，分别在1：100000的图号后写上各自的代号 A、B、C、D。每幅1：50000的图又可分为4幅1：25000的图，分别以1、2、3、4编号。每幅1：100000图分为64幅1：10000的图，分别以(1)，(2)，…，(64)表示，如图4-6所示。

④1：5000和1：2000比例尺图的分幅编号：1：5000和1：2000比例尺图的分幅编号是在1：10000图的基础上进行的。每幅1：10000的图分为4幅1：5000的图，分别在1：10000的图号后面写上各自的代号 a、b、c、d。每幅1：5000的图又分成9幅1：2000

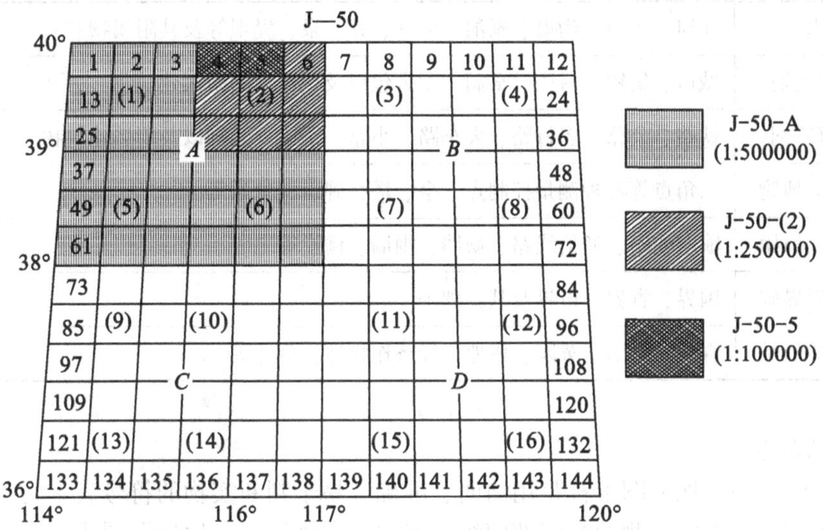

图 4-5 1：500000、1：250000、1：100000 地形图分幅与编号

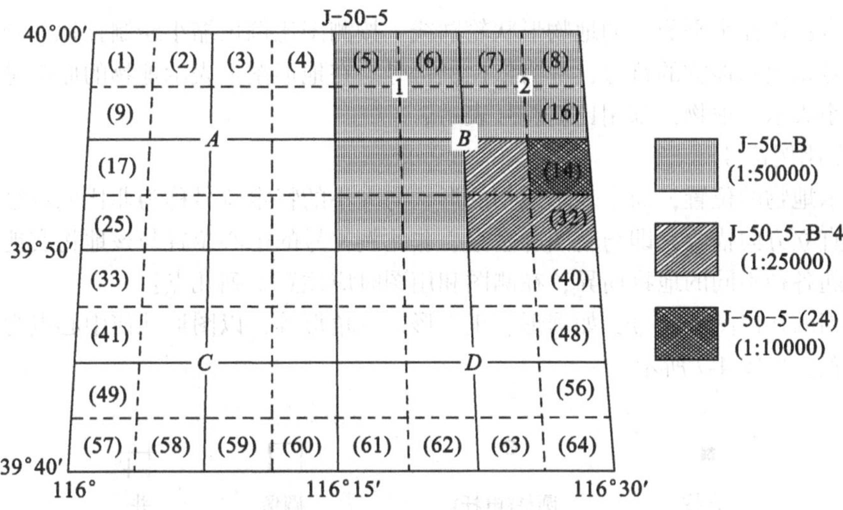

图 4-6 1：50000、1：25000、1：10000 地形图分幅与编号

的图，分别以 1，2，…，9 表示。

二、地物的表示方法

1. 地物的分类

地物按其成因可以分为自然地物和人工地物。自然地物主要包括河流、湖泊、森林、草地、独立岩石等。人工地物是经过人类物质生产活动改造的地物，如房屋、高压输电线、铁路、水渠、桥梁等。

地物依据其特性又可以分成七大类，见表 4-3。

表 4-3

1	水系	江河、运河、沟渠、湖泊、池塘、井、泉、堤坝等及其附属物
2	居民地	城市、集镇、村庄、窑洞、蒙古包以及居民地的附属建筑物
3	道路网	铁路、公路、乡村路、大车路、小路、桥梁、涵洞以及附属建筑物
4	独立地物	三角点等各种测量控制点、亭、塔、碑、气象站等
5	管线垣栅	输电线路、通信线路、城墙、围墙、栅栏等
6	境界界碑	国界、省界、市界及其界碑等
7	土质植被	森林、果园、菜园、耕地、经济作物地、草地等

2. 地物符号

地面上的地物在地形图上都是用简明、准确、易于判断实物的符号表示的，这些符号称为地形图图式，由国家测绘主管部门统一编制、印刷发行。地形图图式中地物的符号分为依比例符号、非依比例符号、线状符号(半依比例符号)和注记。

(1)依比例符号

将垂直投影在水平面上的地物形状轮廓线，按测图比例尺缩小绘制在地形图上，再配合注记符号来表示地物的符号，称为依比例符号。在地形图上表示地物的原则是：凡能按比例尺缩小表示的地物，都用比例符号表示。

(2)非比例符号

只表示地物的位置，而不表示地物的形状与大小的特定符号称为非比例符号。非比例符号均按直立方向描绘，即与南图廓垂直。非比例符号的中心位置与该地物实地的中心位置关系，随各种不同的地物而异，在测图和用图时应注意下列几点：

①规则的几何图形符号，如圆形、正方形、三角形等，以图形几何中心点为实地地物的中心位置，如图 4-7 所示。

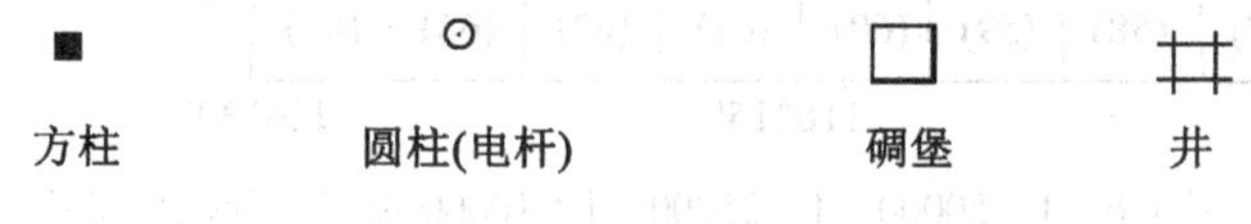

图 4-7　规则的几何图形符号

②底部为直角形的符号，如独立树、路标等，以符号的直角顶点为实地地物的中心位置，如图 4-8 所示。

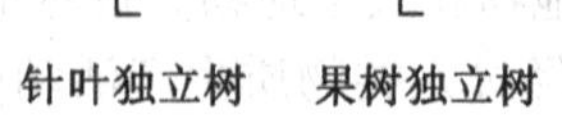

针叶独立树　果树独立树

图 4-8　底部为直角形的符号

③宽底符号，如烟囱、岗亭等，以符号底部中心为实地地物的中心位置，如图4-9所示。

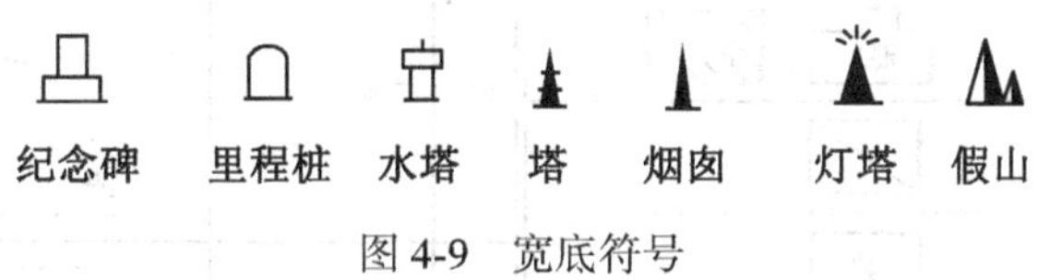

图4-9 宽底符号

④几种图形组合符号，如路灯、消火栓等，以符号下方图形的几何中心为实地地物的中心位置，如图4-10所示。

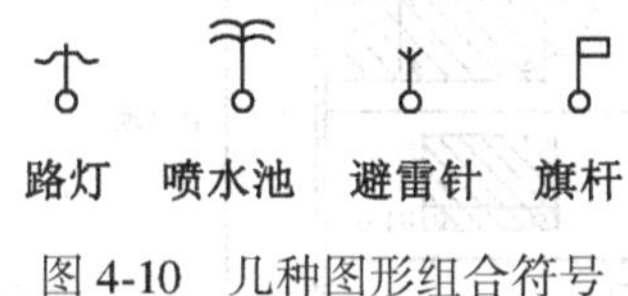

图4-10 几种图形组合符号

⑤下方无底线的符号，如山洞、窑洞等，以符号下方两端点连线的中心为实地地物的中心位置，如图4-11所示。

图4-11 下方无底线的符号

(3)半依比例符号

地物的长度可按比例尺缩绘，而宽度不按比例尺缩小表示的符号称为半比例符号。用半比例符号表示的地物常常是一些带状延伸地物，如铁路、公路、通信线、管道、垣栅等。这种符号的中心线一般表示其实地地物的中心位置，但是城墙和垣栅等，地物中心位置在其符号的底线上。

(4)注记符号

在地形图上起说明作用的各种文字、数字，统称注记。注记常和符号相配合，说明地形图上所表示的地物的名称、位置、范围、高低、等级、主次，等等。注记可分为名称注记、说明注记、数字注记。名称注记是指由不同规格、颜色的字体来说明具有专有名称的各种地形、地物的注记，如海洋、湖泊、河川、山脉的名称。说明注记是指用文字表示地形与地物质量和特征的各种注记，如表示森林树种的注记、表示水井底质的注记。数字注记指由不同规格、颜色的数字和分数式表达地形与地物的数量概念的注记，如高程、水深、经纬度等。为了鲜明、正确、便于读解的目的，注记的字体、规格和用途必须有统一规定。

表4-4为部分常用的地物和地貌的图式，供同学们学习参考。

表4-4

编号	符号名称	1:500 1:1000	1:2000
1	一般房屋 混——房屋结构 3——房屋层数	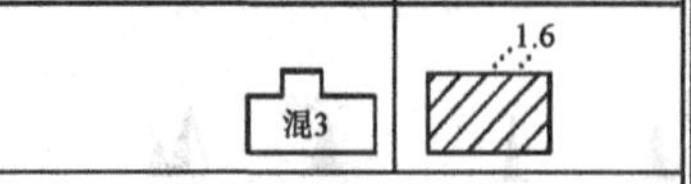 混3	1.6
2	简单房屋	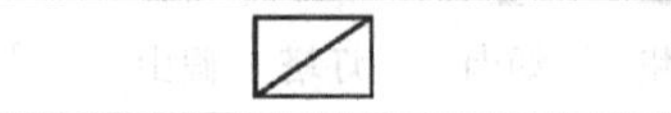	
3	建筑中的房屋	 建	
4	破坏房屋	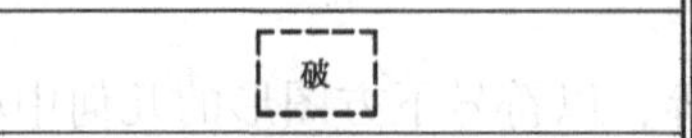 破	
5	棚房	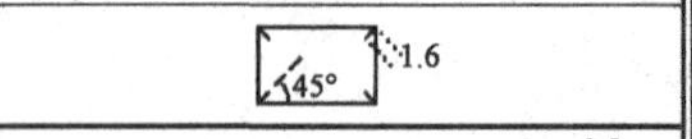 45° 1.6	
6	架空房屋	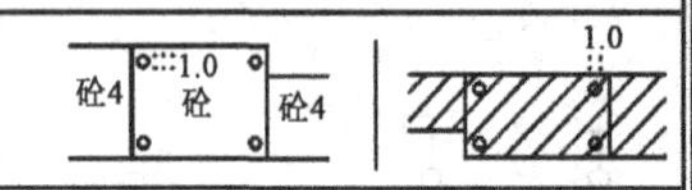 砼4 1.0 砼 砼4	1.0
7	廊房	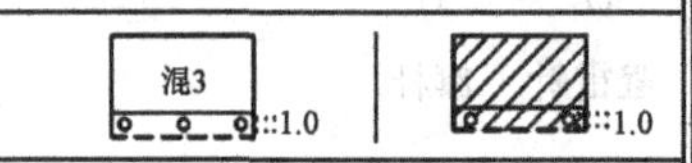 混3 1.0	1.0
8	台阶	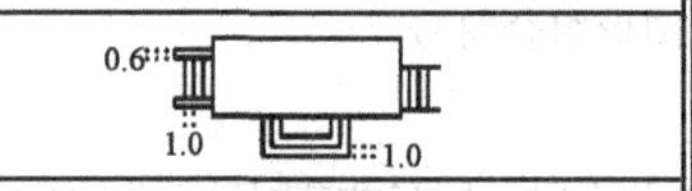 0.6 1.0 1.0	
9	无看台的露天体育场	 体育场	
10	游泳池	 泳	
11	过街天桥	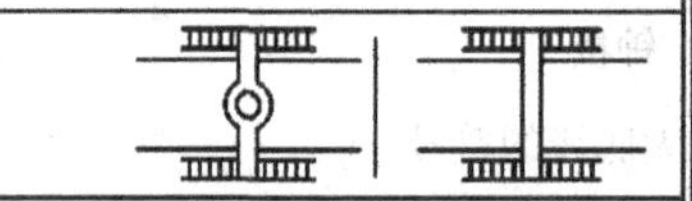	
12	高速公路 a.收费站 0——技术等级代码	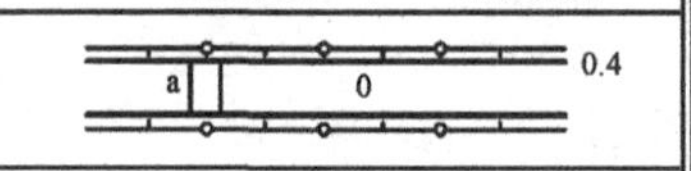 a 0 0.4	
13	等级公路 2——技术等级代码 (G325)——国道路线编码	 0.2 0.4 2(G325)	
14	乡村路 a.依比例尺的 b.不依比例尺的	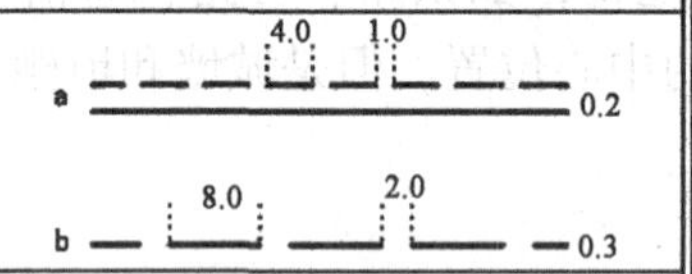 a 4.0 1.0 0.2 b 8.0 2.0 0.3	
15	小路	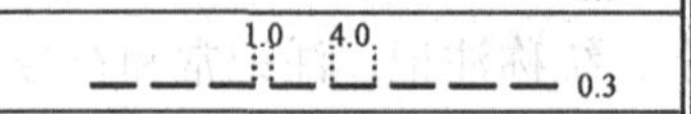 1.0 4.0 0.3	
16	内部道路	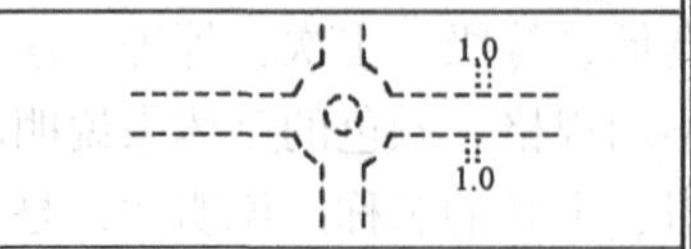 1.0 1.0	
17	阶梯路	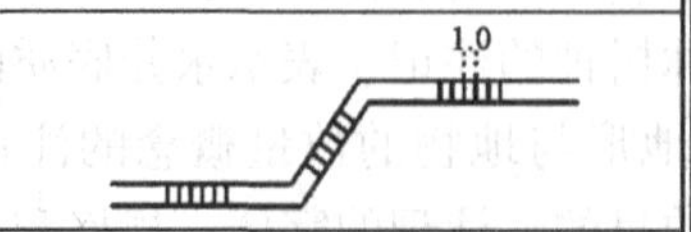 1.0	
18	打谷场、球场	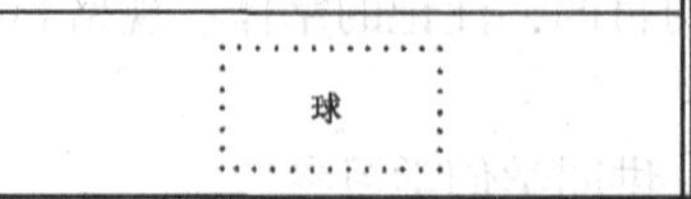 球	
19	旱地	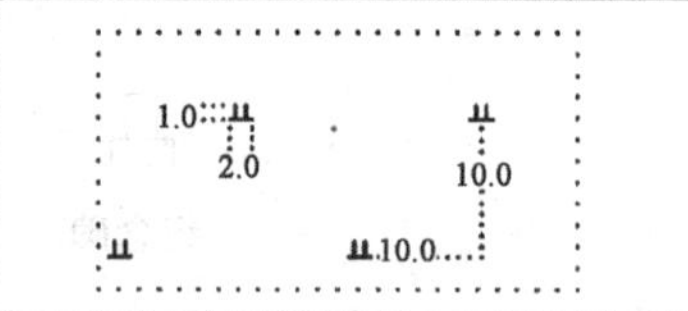 1.0 2.0 10.0 10.0	
20	花圃	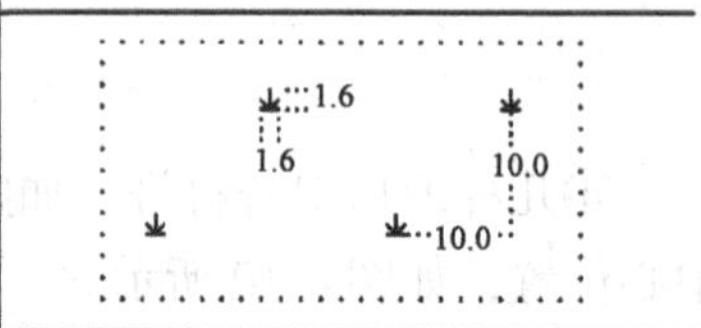 1.6 1.6 10.0 10.0	
21	有林地	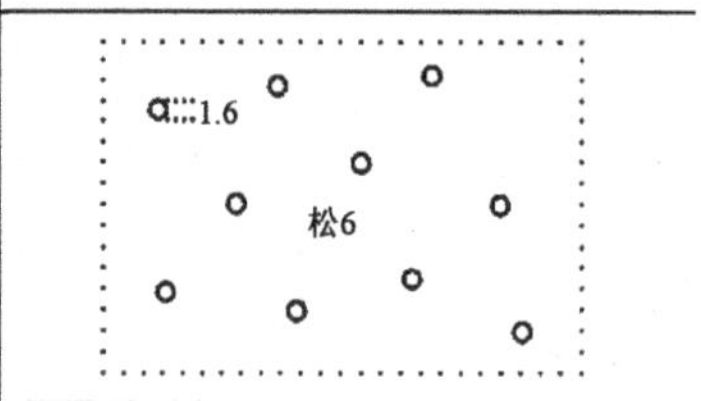 1.6 松6	
22	人工草地	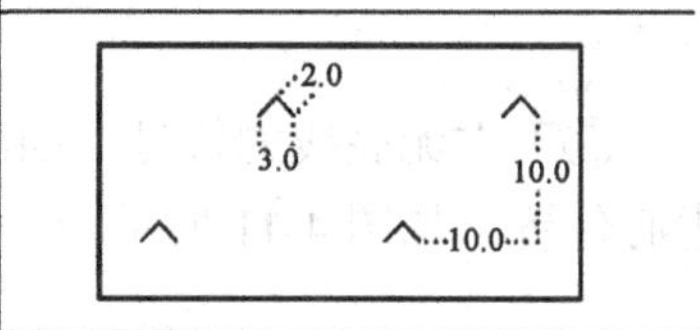 2.0 3.0 10.0 10.0	
23	稻田	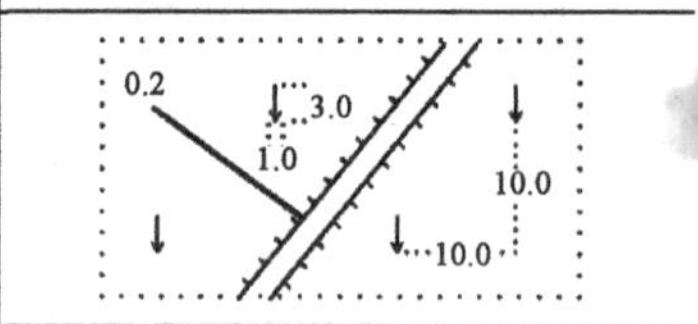 0.2 3.0 1.0 10.0 10.0	
24	常年湖	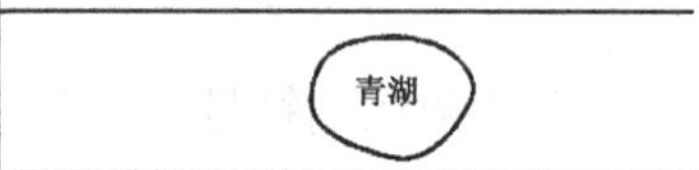 青湖	
25	池塘	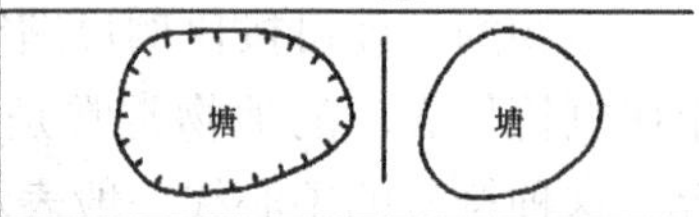 塘	塘
26	常年河 a.水涯线 b.高水界 c.流向 d.潮流向 涨潮 落潮	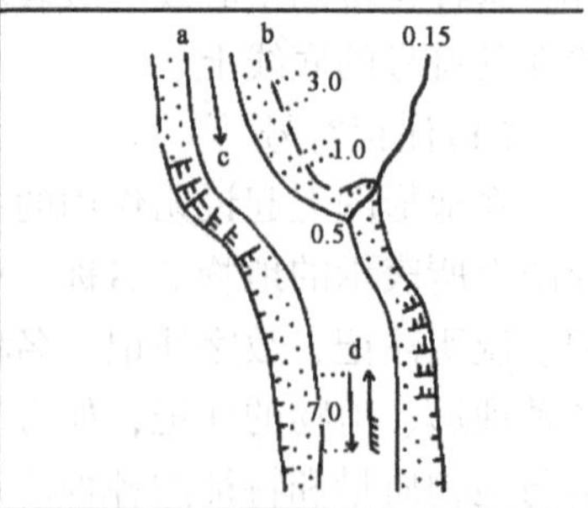 a b 0.15 3.0 1.0 c 0.5 d 7.0	
27	喷水池	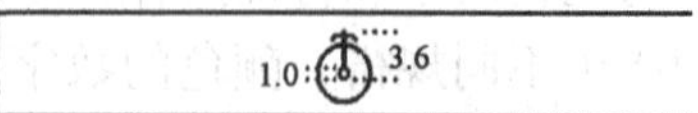 1.0 3.6	
28	GPS控制点	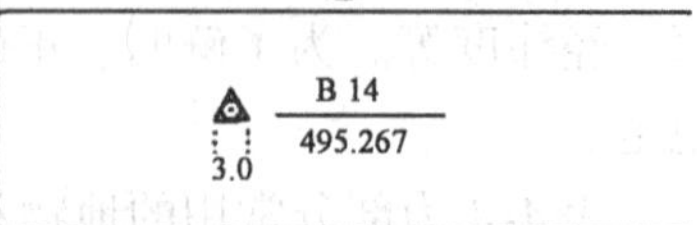 B 14 / 495.267 3.0	

续表

编号	符号名称	1:500 1:1000	1:2000
29	三角点 凤凰山——点名 394.468——高程	凤凰山 394.468 3.0	
30	导线点 I16—等级、点号 84.46—高程	2.0 I16 84.46	
31	埋石图根点 16——点号 84.46——高程	1.6 2.6 16 84.46	
32	不埋石图根点 25——点号 62.74——高程	1.6 25 62.74	
33	水准点 Ⅱ京石5—等级、点名、点号 32.804—高程	2.0 Ⅱ京石5 32.804	
34	加油站	1.6 3.6 1.0	
35	路灯	2.0 1.6 4.0 1.0	
36	独立树 a.阔叶 b.针叶 c.果树 d.棕榈、椰子、槟榔	a 1.6 2.0 3.0 1.0 b 1.6 3.0 1.0 c 1.6 3.0 1.0 d 2.0 3.0 1.0	
37	独立树 棕榈、椰子、槟榔	2.0 3.0 1.0	
38	上水检修井	2.0	
39	下水(污水) 雨水检修井	2.0	
40	下水暗井	2.0	
41	煤气、天然气检修井	2.0	
42	热力检修井	2.0	
43	电信检修井 a.电信人孔 b.电信手孔	a 2.0 2.0 b 2.0	
44	电力检修井	2.0	
45	地面下的管道	污 4.0 1.0	
46	围墙 a.依比例尺的 b.不依比例尺的	a 10.0 b 10.0 0.3 0.6	

编号	符号名称	1:500 1:1000	1:2000
47	挡土墙	1.0 0.3 6.0	
48	栅栏、栏杆	10.0 1.0	
49	篱笆	10.0 1.0	
50	活树篱笆	6.0 1.0 0.6	
51	铁丝网	10.0 1.0	
52	通信线 地面上的	4.0	
53	电线架		
54	配电线 地面上的	4.0	
55	陡坎 a.加固的 b.未加固的	2.0 a b	
56	散树、行树 a.散树 b.行树	a 1.6 b 10.0 1.0	
57	一般高程点及注记 a.一般高程点 b.独立性地物的高程	a 0.5···163.2	b 75.4
58	名称说明注记	友谊路 中等线体4.0(18k) 团结路 中等线体3.5(15k) 胜利路 中等线体2.75(12k)	
59	等高线 a.首曲线 b.计曲线 c.间曲线	a 0.15 b 0.3 c 1.0 6.0 0.15	
60	等高线注记	25	
61	示坡线	0.8	
62	梯田坎	56.4 1.2	

三、地貌的表示方法

地貌是指地球表面的各种起伏形态，包括山地、丘陵、高原、平原、盆地等。通常把地面倾斜角在3°以下的，称为平地；倾斜角在3°~10°的，称为丘陵；倾斜角10°~25°的，称为山地；超过25°的，称为高山地。

在地形测绘中，表示地貌的方法很多，对于大比例尺地形图，通常用等高线表示。下面就等高线的概念、特性作概要介绍。

1. 等高线的形成和定义

用不同高程而间隔相等的一组水平面 P_1，P_2，P_3 与地表面相截，在各平面上得到相应的截取线，将这些截取线沿着垂直方向正射投影到水平投影面 P 上，便得到表示该地表面的一些闭合曲线，即等高线。图4-12所示的就是地面高程为90m、95m、100m的等高线，所以等高线就是地面上高程相等的相邻点连接而成的闭合圆滑曲线。

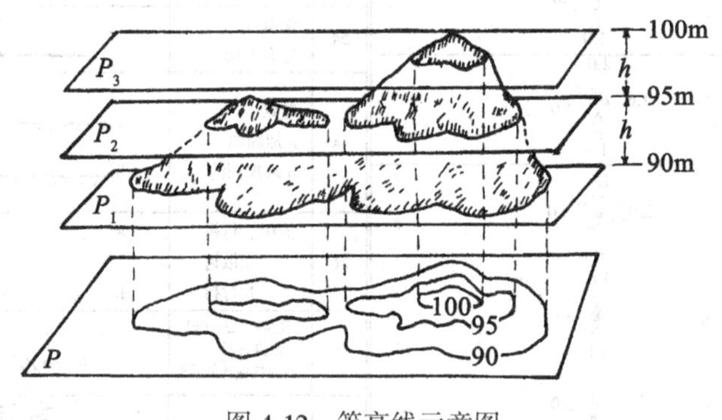

图4-12　等高线示意图

2. 等高距和等高线平距

相邻等高线之间的高差称为等高距，常用 h 表示。图4-12中的等高距为5m。在同一幅地形图上，等高距 h 是相等的。相邻等高线之间的水平距离称为等高线平距，常以 d 表示。h 与 d 的比值就是地面坡度 i，即

$$i = \frac{h}{d \times M} \tag{4-1}$$

式中：M 为比例尺分母；i 为坡度，一般以百分数表示，上坡为正、下坡为负。

同一张地形图内等高距 h 相等、比例尺相同，所以地面坡度与等高线平距 d 的大小成反比，即地面坡度越大，等高线平距就越小，等高线就密集；地面坡度越小，等高线平距就越大，等高线就稀疏；坡度相同，平距就相等，等高线就均匀。因此，可以根据地形图上等高线的疏、密来判定地面坡度的缓、陡。

用等高线表示地貌时，等高距越小，显示地貌就越详细；等高距越大，显示地貌就越简略。但等高距过小，会导致等高线过于密集，从而影响图面的清晰度。因此，在测绘地形图时，应根据测图比例尺与测区地形情况来选择合适的等高距，见表4-5。这个等高距称为基本等高距。等高距选定后，等高线的高程必须是基本等高距的整倍数，而不能用任意高程。

3. 等高线的分类

(1)首曲线

在同一幅图上，按规定的基本等高距描绘的等高线称为首曲线，也称基本等高线，用细实线(线宽 0.15mm)描绘。

表 4-5　　　**大比例尺测图用基本等高距(m)**

比例尺	地面倾斜角			
	平原(0°~2°)	丘陵(2°~6°)	山地(6°~25°)	高山(25°以上)
1∶5000	2.0	5.0	5.0	5.0
1∶2000	1.0(0.5)	1.0	2.0(2.5)	2.0(2.5)
1∶1000	0.5(1.0)	1.0	1.0	2.0
1∶500	0.5	1.0(0.5)	1.0	1.0

(2)计曲线

自高程起算面算起，每隔 4 条首曲线加粗描绘的一条等高线，称为计曲线。它用粗实线(线宽 0.3mm)描绘，并在适当位置注记高程，字头朝向高处。

(3)间曲线

当首曲线不能很好地显示局部地貌的特征时，按$\frac{1}{2}$基本等高距描绘的等高线称为间曲线，在图上用长虚线表示，可不闭合，但应对称。

(4)助曲线

当间曲线仍不能显示局部地貌时，按$\frac{1}{4}$基本等高距描绘的等高线，称为助曲线，用短虚线表示，如图 4-13 所示。

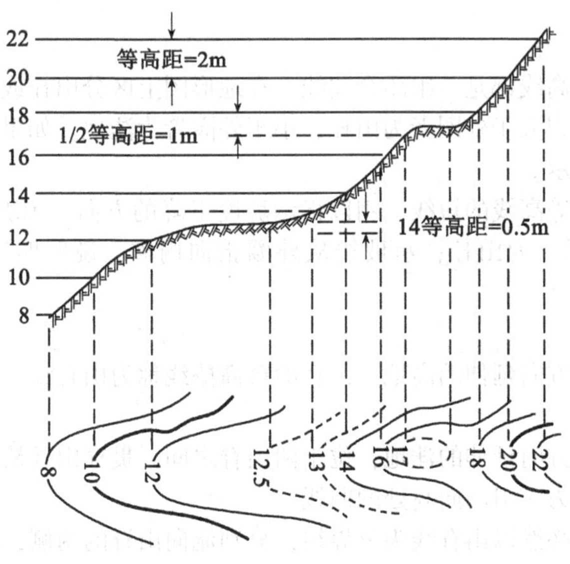

图 4-13　等高线分类示意图

4. 典型地貌等高线

地面上地貌的形态是多样的，进行仔细分析后，就会发现它们不外是几种典型地貌的综合。了解和熟悉用等高线表示典型地貌的特征，将有助于识读、应用和测绘地形图。为了更好地理解并判读地貌，列出以下几种典型地貌和等高线的对应关系，如图 4-14 所示。

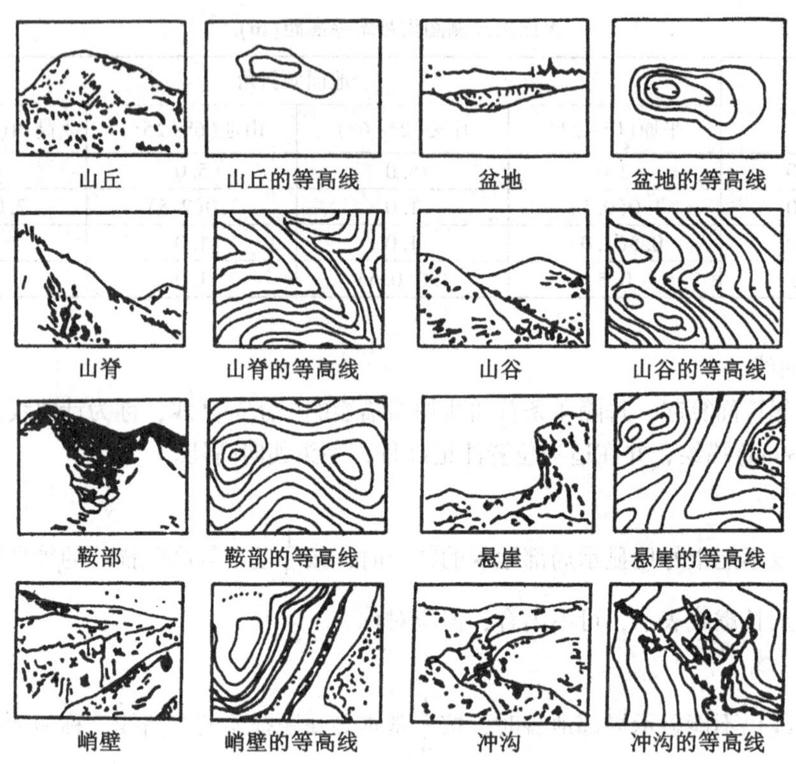

图 4-14　典型地貌和等高线图

(1) 山丘和洼地

山丘和洼地的等高线都是一组闭合曲线。在地形图上区分山丘或洼地的方法是：凡是内圈等高线的高程注记大于外圈者为山丘，小于外圈者为洼地。如果等高线上没有高程注记，则用示坡线来表示。

示坡线是垂直于等高线的短线，用以指示坡度下降的方向。示坡线从内圈指向外圈，说明中间高、四周低，为山丘；示坡线从外圈指向内圈，说明四周高、中间低，故为洼地。

(2) 山脊和山谷

山脊是沿着一个方向延伸的高地。山脊的最高棱线称为山脊线。山脊等高线表现为一组凸向低处的曲线。

山谷是沿着一个方向延伸的洼地，位于两山脊之间。贯穿山谷最低点的连线称为山谷线。山谷等高线表现为一组凸向高处的曲线。

山脊附近的雨水必然以山脊线为分界线，分别流向山脊的两侧，因此，山脊又称分水线。而在山谷中，雨水必然由两侧山坡流向谷底，向山谷线汇集，因此，山谷线又称集水线。

(3)鞍部

鞍部是相邻两山头之间呈马鞍形的低凹部位。鞍部往往是山区道路通过的地方，也是两个山脊与两个山谷会合的地方。鞍部等高线的特点是在一圈大的闭合曲线内，套有两组小的闭合曲线。

(4)悬崖陡壁

陡崖是坡度在70°以上的陡峭崖壁，有石质和土质之分。

悬崖是上部突出，下部凹进的陡崖，这种地貌的等高线出现相交。俯视时隐蔽的等高线用虚线表示。

5. 等高线的特性

①在同一条等高线上各点的高程相等；

②每条等高线必为闭合曲线，如不在本幅图内闭合，也在相邻的图幅内闭合；

③不同高程的等高线不能相交，当等高线重叠时，表示陡坎或绝壁；

④山脊线(分水线)、山谷线(集水线)均与等高线垂直相交；

⑤等高线平距与坡度成反比。在同一幅图上，平距小表示坡度陡，平距大表示坡度缓，平距相等表示坡度相同。换句话说，坡度陡的地方等高线就密，坡度缓的地方等高线就稀；

⑥等高线跨河时，不能直穿河流，须绕经上游正交于河岸线，中断后再从彼岸折向下游。

等高线的这些特性是相互联系的，在测绘地形图时，只有正确运用等高线的特性，才能较逼真地显示地貌的形状。

6. 高程注记

地形图上仅用等高线及特殊地貌符号还不能清楚地表示地表的高低，还应该用数字来说明等高线及某些特殊点位的高程。高程注记分等高线高程注记和高程点高程注记两种，前者沿等高线排列，字头朝向高处，后者一般在相应点位右侧直立注写，以不压盖其他符号为原则，若点位右侧不便注写时，也可注写在点位的左侧。

工作任务2 完成某一区域的地形图测绘

一、地形图测绘前的准备工作

1. 收集资料与现场踏勘

测图前，应将测区已有地形图及各种测量成果资料，如已有地形图的测绘日期、使用的坐标系统、相邻图幅图名与相邻图幅控制点资料等，收集在一起。

现场踏勘则是在测区现场了解测区位置、地物地貌情况、通视、通行及人文、气象、居民地分布等情况，并根据收集到的资料找到测量控制点的实地位置，确定控制点的可靠性和可使用性。

收集资料与现场踏勘后，制定图根控制测量方案的初步意见。

2. 制定技术方案

根据测区地形特点及测量规范对图根点数量和技术的要求，确定图根点位置和图根控制形式及其观测方法等，如确定测区内水准点数目、位置、连测方法等。测图精度估算、测图中特殊地段的处理方法及作业方式、人员、仪器准备、工序、时间等，也均应列入技术方案之中。在地表复杂区，可适当增加图根点数目。

3. 图根控制测量

(1)图根控制的作用

测区的高级控制点一般不可能满足大比例尺测图的需要，这时应布置适当数量的地形控制点，称为图根点，作为测图控制应用。

(2)图根控制点测量的方法

图根控制点可在各等级控制点上采用经纬仪交会法、导线法、全站仪坐标法、三角高程、水准测量、GPS 等方法测量。

(3)图根控制点的数量

地形控制点(包括已知高级控制点)的个数应根据地形的复杂、破碎程度或隐蔽情况而决定。

测区内图根点的个数，一般地区不宜小于表 4-6 的规定。

表 4-6

测图比例尺	图幅尺寸(cm)	解析控制点个数
1∶500	50×50	8
1∶1000	50×50	12
1∶2000	50×50	15
1∶5000	40×40	30

(4)图根控制点测量的过程(详见项目 1、2)

4. 图纸准备

地形图的测绘一般是在野外边测边绘，因此，测图前，应先准备图纸，包括在图纸上绘制图廓和坐标格网，并展绘好各类控制点，包括首级控制点和图根点。

(1)图纸选择

测图时，我们一般选用一面打毛、厚度为 0.07~0.10mm、伸缩率小于 0.2‰的聚酯薄膜作为图纸。聚酯薄膜坚韧耐湿，沾污后可洗，便于野外作业，图纸着墨后，可直接晒蓝图。但它有易燃、折痕不能消失等缺点。我们可以到测绘仪器用品商店购买印制好坐标格网的聚酯薄膜。图纸聚酯薄膜是透明的，测图前，在它与测图板之间应衬以白纸或硬胶板。为了测绘、保管和使用方便，大比例尺地形图的图幅尺寸一般规定为 50cm×50cm 或 40cm×50cm、40cm×40cm 几种，可根据测区情况选择所需的图幅尺寸。

(2)展绘控制点

坐标格网检查合格后，根据图幅在测区内的位置，确定坐标格网左下角坐标值，并将此值注记在内图廓与外图廓之间所对应的坐标格网处，如图 4-15 所示。展点可用坐标展点仪，将控制点、图根点坐标按比例缩小，逐个绘在图纸上。

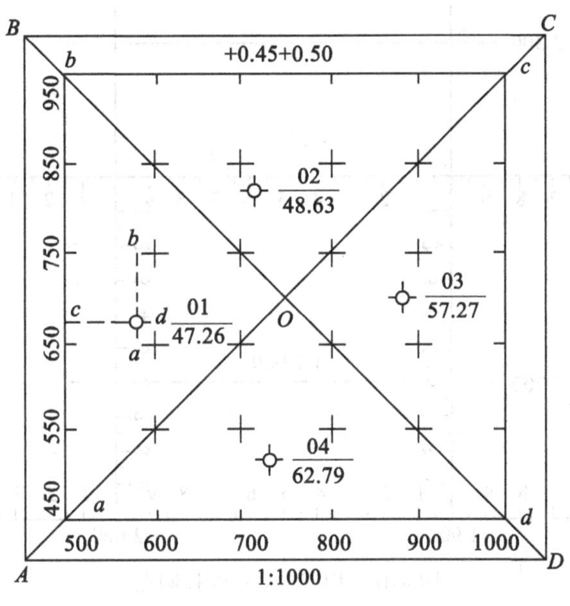

图 4-15　展绘控制点

首先根据控制点的坐标确定点所在的方格，然后计算出对应格网的坐标差数 X' 和 Y'，按比例在格网和相对边上截取与此坐标相等的距离，最后对应连接相交即得点的位置。图 4-15 中，要展绘 1 号点，其坐标 $X_1=679.12$m，$Y_1=580.08$m，测图比例尺为 1∶1000。由坐标值可知，1 点所在方格（$X=650\sim750$，$Y=500\sim600$），其纵坐标 $X=29.12$m，按比例在方格内截取 29.12m 得横线 cd，横坐标差 $Y=80.08$m，按比例在本格网内截取 80.08m 得纵线 ab，将相应截取的横线 cd 与纵线 ab 相交，其交点即为 1 点在图上的位置。在此点的右侧平画一短横线，在横线上方注明点号，横线的下方注明此点的高程。控制点展好后，应检查各控制点之间的图上长度与按比例尺缩小后的相应实地长度之差，其差数不应超过图上长度的 0.3mm，合格后才能进行测图。

用坐标展点器的方法如图 4-16 所示。设在 1∶1000 比例尺测图中，图根点的 P 的坐标为 $X_P=3261.42$m，$Y_p=1974.88$m。展点时，先根据 P 点的坐标判断它所在的方格，然后计算 P 点相对于该方格的坐标尾数：$\Delta_x=3261.42-3200=61.42$m，$\Delta_y=1974.88-1900=74.88$m。使展点器左右两边线与 1900m 和 2000m 两纵坐标线重合，并上下移动展点器，使 61.42m 精确对准 3200m 横坐标线。最后，沿展点器上边缘于 74.88 处刺出一点，即为图根点 P 在图上的位置，按图根点标注即可。

二、碎部点平面位置测定的基本方法

根据地形条件不同，测定碎部点平面位置的方法有极坐标法、直角坐标法、方向和距离交会法，其中，极坐标法应用最广泛。

1. 极坐标法

极坐标法是测定碎部点最基本的方法，根据测站点上的一个已知方向，测定已知方向

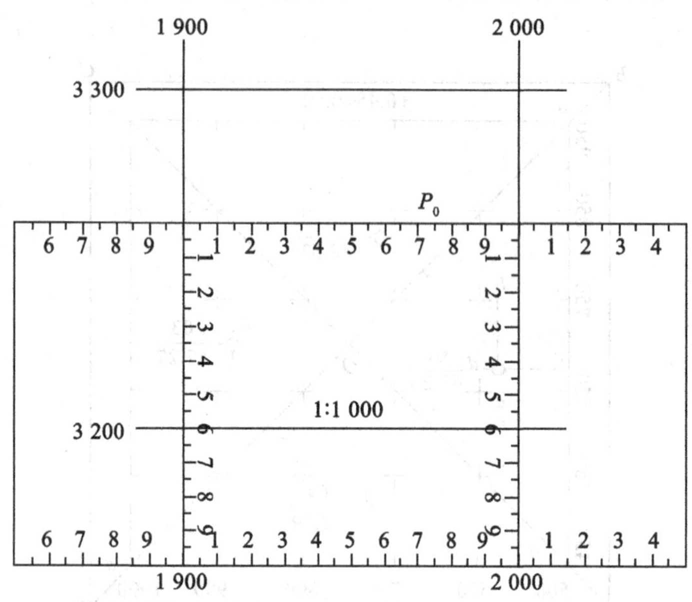

图 4-16 用展点器展绘控制点

与所求点方向的角度和量测测站点至所求点的距离，以确定所求点位置的一种方法。

极坐标法是以架设仪器的测站点到另一已知控制点(称为后视点)的方向线作为定向线，测定测站点至碎部点方向与定向线之间的水平夹角和测站点至碎部点之间的水平距离，从而确定碎部点位置的一种方法。如图 4-17 所示，A、B 为实地两个已知控制点，在图上的相应点为 a、b，房子为待测地物。将经纬仪安置在 A 点，经对中、整平并以 AB 方向为定向线进行仪器定向(以盘左位置瞄准 B 点，将水平度盘读数调至 0°00′00″)后，用望远镜瞄准房角 1，测量并计算出水平角和水平距离 β_1、D_1；在图纸上绘出 $a1'$的方向线，并根据测图比例尺在此方向线上截取图上长度 $a1'$，则图上 1′点就是实地房角 1 的位置。用同样方法，可测得房角 2′、3′，根据房子的形状，在图上连接 1′、2′、3′各点，便可得到房子在图上的位置。

极坐标法适用于通视良好的开阔地区，施测的范围较大。测定地物时，绝大部分特征点的位置都是独立测定的，不会产生误差的累积。少数特征点测错时，在描绘地物、地貌时一般能从对比中发现，便于现场改正。

2. 方向交会法

方向交会法又称角度交会法，是分别在两个已知点上对同一个碎部点进行方向交会以确定碎部点位置的一种方法。如图 4-18 所示，A、B 为地面上两个已知测站点，在图上的相应点为 a、b，河岸为待测地物。先将仪器安置在 A 点，经对中、整平并以 AB 线定向后，用望远镜瞄准河岸点 1，测得角度，依此在图上绘出 $a1'$方向线，然后测量 2、3 点，在图上依次绘出 $a2'$、$a3'$方向线。再将仪器迁移至 B 点，对中、整平并以 BA 线定向后，用同样的方法测量 1、2、3 点，在图上绘出 $b1''$、$b2''$、$b3''$各方向线。由 $a1'$和 $b1''$两方向线交得 1 点，同样方法交得 2、3 点，根据河岸的形状，在图上连接 1、2、3 点，即得到河岸线在图上的位置。

方向交会法常用于测绘目标明显、距离较远、易于瞄准的碎部点，如电杆、水塔、烟囱等地物。优点是可不测距离而求得碎部点的位置，若使用恰当，可节省立尺点的数量，以提高作业速度。

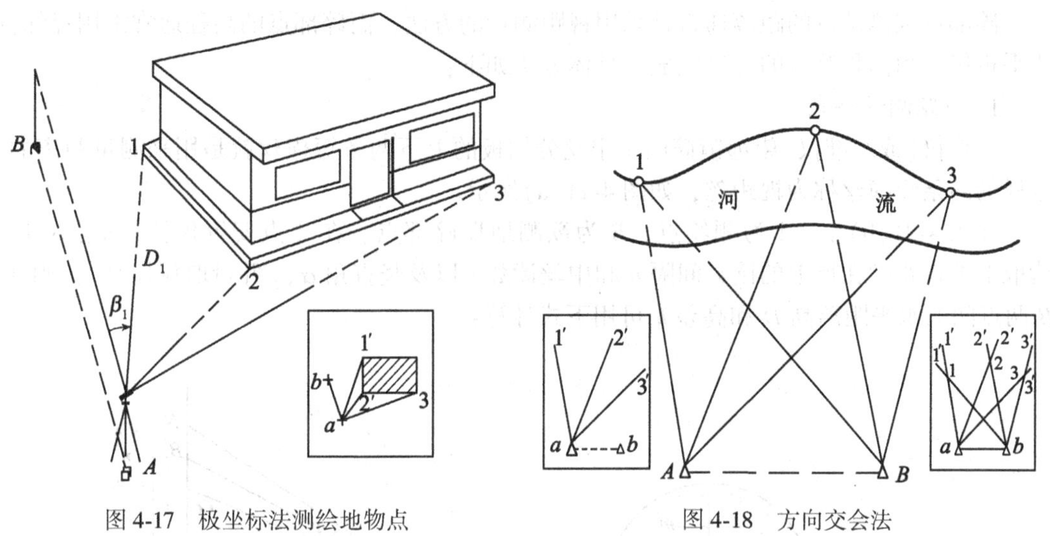

图 4-17　极坐标法测绘地物点　　图 4-18　方向交会法

3. 距离交会法

距离交会法是测量地形点到已知点的距离而交会出地形点位置的一种方法。常用于测设隐蔽在建筑群内部的一些地物点。如图 4-19 所示，测定已知点 1 至碎部点 M 的距离 D_1，测定已知点 2 至碎部点 M 的距离 D_2，便能确定该碎部点的平面位置。

4. 直角坐标法

直角坐标法是按直角坐标原理确定地物点平面位置的一种方法。

如图 4-20 所示，设 A、B 为控制点，碎部点 1、2、3 靠近 AB。以 AB 方向为 x 轴，找

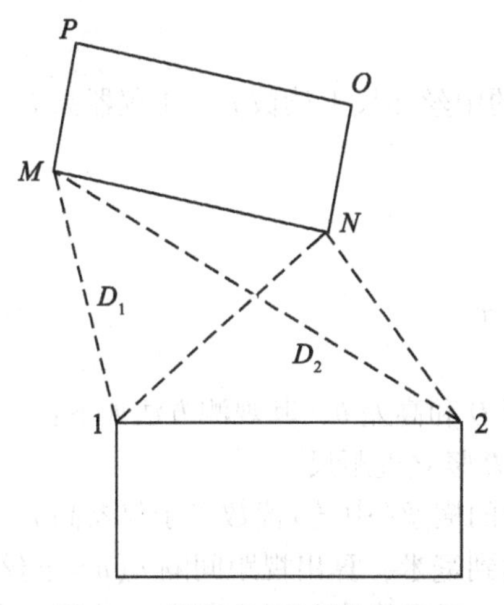

图 4-19　距离交会法测绘地物点

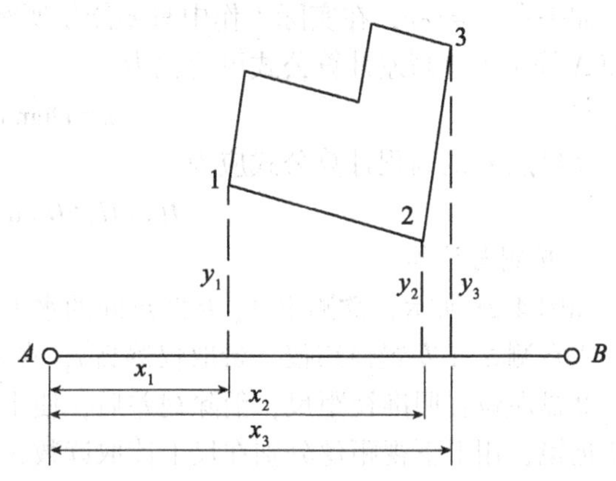

图 4-20　直角坐标法测绘地物点

出碎部点在 AB 线上的垂足，用卷尺量出 x，y，即可定出碎部点。测定碎部点的坐标可用全站仪或用经纬仪测定视距和水平角计算碎部点的坐标。

由于全站仪和计算机的普及，直角坐标法是数字化测图的一种常见方法。

三、碎部点的视距及高程测量

碎部点到测站点的距离通常是采用视距测量的方法，而碎部点的高程通常采用经纬仪或平板仪三角高程测量的方法完成，具体方法如下：

1. 视距测量公式

经纬仪(或水准仪)望远镜筒内十字丝分划板的上下两条短横丝就是用来测量距离的，这样的两条短横丝称为视距丝，如图 4-21(a)所示。

在图 4-21(b)中，A 为测绘点，B 为欲测地形碎部点。在 A 点安置仪器，B 点立尺，读取上下视距丝在尺上的读数间隔 n 和中丝读数 v 以及竖直角 α，并量取仪器高 i，则 A、B 两点间的水平距离高 D 和高差 h 可用下式计算：

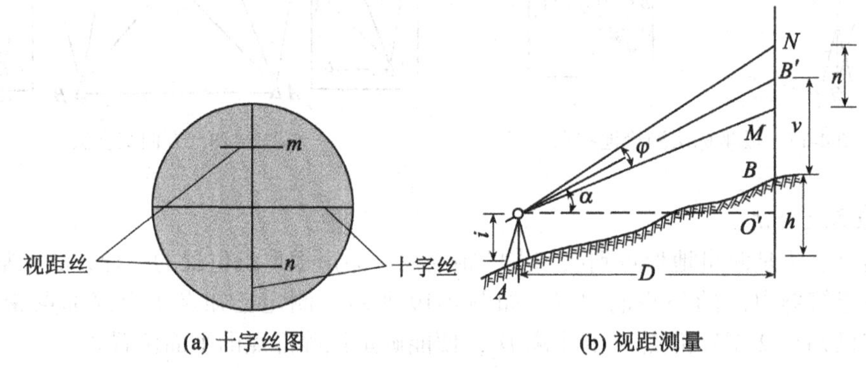

(a) 十字丝图　　(b) 视距测量

图 4-21　视距测量示意图

$$\left.\begin{aligned} D &= kn\cos^2\alpha \\ h &= D\tan\alpha + i - v \end{aligned}\right\} \tag{4-2}$$

式中：k 为仪器乘常数，可取 $k=100$。

如果令 $\Delta=i-v$，在实际工作中只要能使所观测的中丝在尺上读数 v 等于仪器高 i，就可使 Δ 等于零，高差计算公式可简化为

$$h=D\tan\alpha \tag{4-3}$$

立尺点 B 的高程计算公式应为

$$H_B=H_A+D\tan\alpha+i-v \tag{4-4}$$

2. 观测与计算

如图 4-21 所示，欲测定 A、B 两点间的水平距离 D 和高差 h，其观测方法如下：

①在测站 A 安置经纬仪，量取仪器高 i，在测点 B 竖立视距尺。

②盘左位置照准视距尺，消除视差后，使十字丝的横丝(中丝)读数等于仪器高 i，固定望远镜，用上下视距丝分别在尺上读取读数，估读到毫米，算出视距间隔 n(n=下丝读数-上丝读数)。为了既快速又准确地读出视距间隔，可先将中丝对准仪器高读竖直角，

然后把上丝对准邻近整数刻划后直接读取视距间隔。

③转动竖盘指标水准管微动螺旋，使竖盘指标水准管气泡居中，读取竖盘读数，算出竖直角 α 。对有竖盘指标自动归零装置的仪器，应打开自动归零装置后再读数。

④根据公式，计算水平距离和高差及立尺点的高程。

进行视距观测时，应注意以下几点：

- 使用的仪器必须进行竖盘指标差的检校；
- 视距尺应竖直；
- 必须严格消除视差，上下丝读数要快速；
- 若为提高精度并进行校核，应在盘左、盘右位置按上述方法观测一测回，最后取上、下半测回所得的尺间隔 n 和竖直角 α 的平均值来计算水平距离 D 和高差 h；
- 当有障碍物或其他原因，使中丝不能在尺上截取仪器高 i 的读数时，应尽量截取大于仪器高的整米数来，以便于测点高程的计算。例如，$i=1.42$，则可截取 2.42m 或 3.42m 等。

四、地形图的测绘方法

在野外测绘地形图，常用的测图方法有大平板测图法、经纬仪测绘法和数字化测图。平板仪测图是以相似形理论为依据，以图解法为手段，将地面点的位置和高程测绘到平面图纸上而成地形图的技术过程。但由于大平板测图法现在很少使用了，所以本教材不做介绍，主要介绍经纬仪测绘法和数字化测图。

经纬仪测图法的实质是极坐标法。先将经纬仪安置在测站上，将绘图板安置于测站旁边。用经纬仪测定碎部点方向与已知方向之间的水平角，并测定测站到碎部点的距离和碎部点的高程。然后根据数据用半圆仪和比例尺把碎部点的平面位置展绘于图纸上，并在点的右侧注记高程，对照实地勾绘地形图。

用电子全站仪代替经纬仪测绘地形图的方法，称为电子全站仪测绘法。其测绘步骤和计算、绘图过程与经纬仪测绘法类似。

经纬仪测图法测图操作简单、灵活，适用于各种类型的测区。以下所讲的是经纬仪测图法在一个测站的测绘工序。

1. 经纬仪测图法

(1)安置仪器和图板

如图 4-22 所示，观测员安置经纬仪于测站点(控制点)A 上，包括对中和整平。量取仪器高 i，测量竖盘指标差 δ。记录员在碎部测量记录手簿中记录包括表头的其他内容。绘图员在测站的同名点上安置半圆仪。

(2)定向

照准另一控制点 B 作为后视方向，置水平度盘读数为 0°00′00″。绘图员在后视方向的同名方向上画一短直线，短直线过半圆仪的半径，作为半圆仪读数的起始方向线。

(3)立尺

司尺员依次将标尺立在地物、地貌特征点上。立尺前，司尺员应弄清实测范围和实地概略情况，选定立尺点，并与观测员、绘图员共同商定立尺路线。

(4)观测

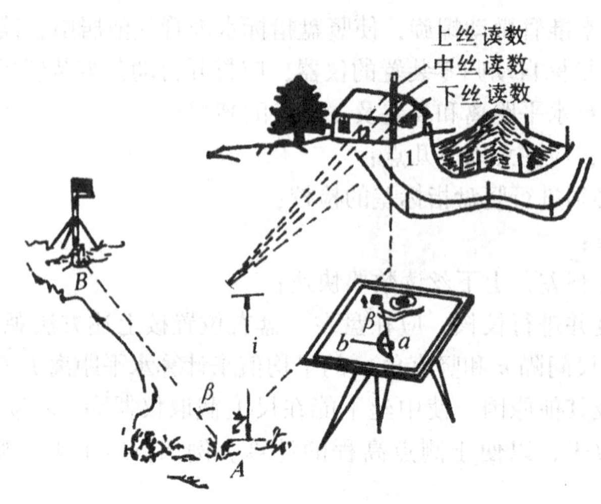

图 4-22 经纬仪测绘法的测站安置

观测员照准标尺，读取水平角 β、视距间隔 l、中丝读数 s 和竖盘读数 L。

(5)记录

记录员将读数依次记入手簿。有些手簿视距间隔栏为视距 Kl，由观测者直接读出视距值。对于有特殊作用的碎部点，如房角、山头、鞍部等，应在备注中加以说明，见表 4-7。

表 4-7

测站：A_4 后视点：A_3 仪器高 i：1.42m 指标差 x：−1.0 测站高程 H：207.40m

点号	视距 Kl(m)	中丝读数 v	水平角 β	竖盘读数 L	竖直角 α	高差 h (m)	水平距离 D(m)	高程(m)	备注
1	85.0	1.42	160°18′	85°48′	4°11′	6.18	84.55	213.58	水渠
2	13.5	1.42	10°58′	81°18′	8°41′	2.02	13.19	209.42	
3	50.6	1.42	234°32′	79°34′	10°25′	9.00	48.95	216.40	
4	70.0	1.60	135°36′	93°42′	−3°43′	−4.71	69.71	202.69	电杆
5	92.2	1.00	34°44′	102°24′	−12°25′	−18.94	87.94	188.46	

(6)计算

记录员依据视距间隔 l、中丝读数 s、竖盘读数 L 和竖盘指标差 δ、仪器高 i、测站高程 $H_{站}$，按视距测量公式计算平距和高程。

(7)展绘碎部点

展绘碎部点时，用小针将量角器的圆心插在图纸上的测站处，转动量角器，使在量角器上对应所测碎部点 1 的水平角值之分划线对准零方向线 ab，再用量角器直径上的长度刻划或借助比例尺，按测得的水平距离，在图纸上展绘出点 1 的位置，并在点的右侧注明其高程。同样，将其余各碎部点的平面位置及高程展绘于图纸上。实际工作中，应一边展绘碎部点，一边参照实地地形情况勾绘地形图。

图4-23为测图中常用的半圆形量角器。

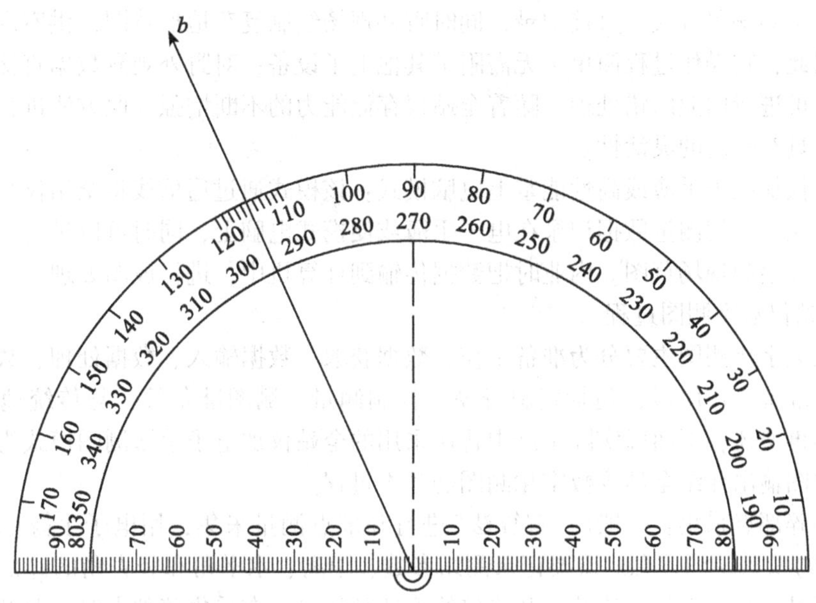

图4-23 半圆仪展绘碎部点的方向

(8)测站检查

为了保证测图正确、顺利地进行，必须在工作开始时进行测站检查。检查方法是：在新测站上，测试已测过的地形点，检查重复点精度在限差内即可；否则，应检查测站点是否展错。此外，在工作中间和结束前，观测员可利用时间间隙照准后视点进行归零检查，归零差不应大于4′。在每测站工作结束时进行检查，确认地物、地貌无错测或漏测时，方可迁站。

测区面积较大时，测图工作需分成若干图幅进行。为了相邻图幅的拼接，每幅图应测出图廓外5mm。

2. 数字化测图

常规的白纸测图的实质是图解法测图，在测图过程中，将测得的观测值按图解法转化为静态的线划地形图。全站仪数字化测图的实质是解析法测图，将地形图形信息通过全站仪转化为数字输入计算机，以数字形式存储在存储器中形成数字地形图。利用全站仪能同时测定距离、角度、高差，提供待测点三维坐标，将仪器野外采集的数据结合计算机、绘图仪以及相应软件，就可以实现自动化测图。

(1)全站仪测图模式

结合不同的电子设备，全站仪数字化测图主要有以下三种模式：

①全站仪结合电子平板模式：该模式是以便携式电脑作为电子平板，通过通信线直接与全站仪通信、记录数据，实时成图。因此，它具有图形直观、准确性强、操作简单等优

点，即使在地形复杂地区，也可现场测绘成图，避免野外绘制草图。目前，这种模式的开发与研究相对比较完善，由于便携式电脑性能和测绘人员综合素质不断提高，因此它符合今后的发展趋势。

②直接利用全站仪内存模式：该模式使用全站仪内存或自带记忆卡，把野外测得的数据，通过一定的编码方式，直接记录，同时野外现场绘制复杂地形草图，供室内成图时参考对照。因此，它操作过程简单，无需附带其他电子设备；对野外观测数据直接存储，纠错能力强，可进行内业纠错处理。随着全站仪存储能力的不断增强，此方法进行小面积地形测量时，具有一定的灵活性。

③全站仪加电子手簿或高性能掌上电脑模式：该模式通过通信线将全站仪与电子手簿或掌上电脑相连，把测量数据记录在电子手簿或便携式电脑上，同时可以进行一些简单的属性操作，并绘制现场草图。内业时把数据传输到计算机中，进行成图处理。

(2)全站仪数字测图过程

全站仪数字化测图主要分为准备工作、数据获取、数据输入、数据处理、数据输出五个阶段。在准备工作阶段，包括资料准备、控制测量、测图准备等，与传统地形测图一样，在此不再赘述，下面以实际生产中普遍采用的全站仪加电子手簿测图模式为例，从数据采集到成图输出介绍全站仪数字化测图的基本过程。

①野外碎部点采集：一般用“解算法”进行碎部点测量采集，用电子手簿记录三维坐标(x，y，H)及其绘图信息。既要记录测站参数、距离、水平角和竖直角的碎部点位置信息，又要记录编码、点号、连接点和连接线型四种信息，在采集碎部点时，要及时绘制观测草图。

②数据传输：用数据通信线连接电子手簿和计算机，把野外观测数据传输到计算机中，每次观测的数据要及时传输，避免数据丢失。

③数据处理：数据处理包括数据转换和数据计算。数据处理是对野外采集的数据进行预处理，检查可能出现的各种错误；把野外采集到的数据编码，使测量数据转化成绘图系统所需的编码格式。数据计算是针对地貌关系的，当测量数据输入计算机后，生成平面图形、建立图形文件、绘制等高线。

④图形处理与成图输出：经数据处理后所生成的图形数据文件，对照外业草图，修改整饰新生成的地形图，补测重测存在漏测或测错的地方，然后加注高程、注记等，进行图幅整饰，最后成图输出。

(3)数据编码

野外数据采集，仅测定碎部点的位置并不能满足计算机自动成图的需要，必须将所测地物点的连接关系和地物类别(或地物属性)等绘图信息记录下来，并按一定的编码格式记录数据。

编码按照 GB/T 14804—93《1：500、1：1000、1：2000 地形图要素分类与代码》进行，地形信息的编码由 4 部分组成，即大类码、小类码、一级代码、二级代码，分别用 1 位十进制数字顺序排列。第一大类码是测量控制点，又分平面控制点、高程控制点、GPS 点和其他控制点四个小类码，编码分别为 11、12、13 和 14。小类码又分若干一级代码，一级代码又分若干二级代码。

野外观测，除要记录测站参数、距离、水平角和竖直角等观测量外，还要记录地物点连接关系信息编码。连接点是与观测点相连接的点号，连接线型是测点与连接点之间的连线形式，有直线、曲线、圆弧和独立点四种形式，分别用1、2、3和空为代码。

目前开发的测图软件一般是根据自身特点的需要、作业习惯、仪器设备和数据处理方法制定自己的编码规则。利用全站仪进行野外测设时，编码一般由地物代码和连接关系的简单符号组成。如代码F0、F1、F2分别表示特种房、普通房、简单房(F字为“房”的第一拼音字母，以下类同)，H1、H2分别表示第一条河流、第二条河流的点位。

(4)全站仪数字化测图的特点

①自动化程度高，数据成果易于存取，便于管理。

②精度高。地形测图和图根加密可同时进行，地形点到测站点的距离比常规测图可以放长。

③无缝接图。数字化测图不受图幅的限制，作业小组的任务可按照河流、道路的自然分界来划分，以便于地形图的施测，也减少了很多常规测图的接边问题。

④便于使用。数字地形图不是依某一固定比例尺和固定的图幅大小来储存一幅图，它是以数字形式储存的数字地图。根据用户的需要，在一定比例尺范围内可以输出不同比例尺和不同图幅大小的地形图。

⑤数字测图的立尺位置选择更为重要。数字测图按点的坐标绘制地形符号，要绘制地物轮廓就必须有轮廓特征点的全部坐标。

五、地物的测绘

1. 地物测绘的一般原则

地物测绘主要是将地物的形状特征点(也即其碎部点)，例如地物的轮廓转折点、交叉点、曲线上的弯曲变换点等准确地测绘到图上。连接这些特征点，便得到与实地相似的地物图形。一般规定主要地物凸凹部分在图上大于0.4mm的均应表示出来，在地形图上小于0.4mm的，可以用直线连接；次要地物凸凹部分在图上大于0.6mm的才表示出来，小于0.6mm的可以用直线连接。

凡能依比例尺表示的地物，就应将其水平投影位置的几何形状测绘到地形图上，如房屋、双线河流、球场等；或是将它们的边界位置表示在图上，边界内再填绘相应的地物符号，如森林、草地等。对于不能依比例尺表示的地物，则测绘出地物的定位中心位置，并以相应的地物符号表示，如水塔、烟囱、小路等。

地物测绘必须根据测图比例尺，按地形测量规范和地形图图式要求，经综合取舍，将各种地物标示在地形图上。

2. 地物的测绘方法

(1)居民地和垣栅的测绘

①居民地是重要的地形要素，主要由不同的建筑物组成。就其形式，可分为街区式(城市和集镇)和散列式(农村自然村)及窑洞、蒙古包等。测绘居民地时，应正确表示其结构形式，反映出外部轮廓特征，区分出内部的主要街道、较大的场地和其他重要的地物。独立房屋应逐个测绘。各类建筑物、构筑物及附属设施应准确测绘。

②房屋的轮廓应以墙基外角为准，并按建筑材料和性质分类，注记层数。1∶500与1∶1000比例尺测图中房屋应逐个表示，临时性房屋可舍去；1∶2000比例尺测图可适当

综合取舍，图上宽度小于0.5mm的小巷可不表示。

城市、工矿区中的房屋排列较为整齐，呈整列式；而乡村房屋则以不规则的排列较多，呈散列式。

③建筑物和围墙轮廓凸凹在图上小于0.4mm，简单房屋小于0.6mm时，可用直线连接。

④1 : 500比例尺测图时，房屋内部天井宜区分表示；1 : 1000比例尺测图时，图上$6mm^2$以下的天井可不表示。

⑤测绘垣栅时，可沿其范围测定所有转折点的实际位置并以相应符号表示。表示应类别清楚、取舍得当，临时性的垣栅可不表示。城墙按城基轮廓依比例尺表示，城楼、城门、豁口均应实测，围墙、栅栏、栏杆等可根据其永久性、重要性等综合考虑取舍。

(2)工矿建(构)筑物及其他设施的测绘

工矿建(构)筑物及其他设施的测绘，图上应准确表示其位置、形状和性质特征。

工矿建(构)筑物及其他设施依比例尺表示的，应实测其外部轮廓，并配置符号或按图式规定用依比例尺符号表示；不依比例尺表示的，应准确测定其定位点或定位线，用不依比例尺符号表示。

(3)交通及附属设施的测绘

交通的陆地道路分为铁路、公路、大车路、乡村路、小路等类别，包括道路的附属建筑物，如车站、桥涵、路堑、路堤、里程碑等。道路应按其中心线的交叉点和转弯点测定其位置，以相应的比例或非比例符号表示。海运和航运的标志均须测绘在图上。测绘应符合下列规定：

①交通及附属设施的测绘，图上应准确反映陆地道路的类别和等级、附属设施的结构和关系；正确处理道路的相交关系及与其他要素的关系；正确表示水运和海运的航行标志，河流的通航情况及各级道路的通过关系。

②铁路轨顶(曲线段取内轨顶)、公路路中、道路交叉处、桥面应测注高程，隧道、涵洞应测注底面高程。

③公路及其他双线道路在图上均应按实宽依比例尺表示。公路应在图上每隔15～20cm注出公路技术等级代码，国道应注出国道线编号。公路、街道按其铺面材料分为水泥、沥青、砾石、条石或石板、硬砖、碎石和土路等，应分别以沥、砾、石、砖、土等注记于图中路面上，铺面材料改变处应用点线分开。

④铁路与公路或其他道路平面相交时，铁路符号不中断，而另一道路符号中断；城市道路为立体交叉或高架道路时，应测绘桥位、匝道与绿地等；多层交叉重叠时，下层被上层遮住的部分不绘；桥墩或立柱视用图需要表示，垂直的挡土墙可绘实线而不绘挡土墙符号。

⑤路堤、路堑应按实地宽度绘出边界，并应在其坡顶、坡脚适当测注高度。

⑥道路通过居民地不宜中断，应按真实位置绘出。高速公路应绘出两侧围建的栅栏(或墙)和出入口、隔离带，环岛、街心花园、人行道与绿化带等也应绘出。

⑦跨河或谷地等的桥梁，应实测桥头、桥身和桥墩位置，加注建筑结构。码头应实测轮廓线，有专有名称的加注名称，无名称的注“码头”；码头上的建筑应实测，并以相应符号表示。

⑧双线道路与房屋、围墙等高出地面的建筑物重合时，可以建筑物边线代替路边线。道路边线与建筑物的接头处应间隔0.3mm。

(4)管线及附属设施的测绘

管线包括地上、地下和架空的各种管道、电力线和通信线等。测绘时，应符合下列规定：

①永久性的电力线、电信线均应准确表示，电杆、铁塔位置应实测。当多种线路在同一杆架上时，只表示主要的。城市建筑区内电力线、电信线可不连线，但应在杆架处绘出线路方向。各种线路应做到线类分明，走向连贯。

②架空的、地面上的、有管堤的管道均应实测。管道应测定其交叉点和转折点的中心位置，分别依比例符号或非比例符号表示，并注记传输物质的名称。架空管道应测定其支架柱的实际位置，若支架柱过密时，可适当取舍。地下管线检修井宜测绘表示。

(5)水系及附属设施的测绘

江、河、湖、海、水库、池塘、沟渠、泉、井等及其他水利设施，均应准确测绘表示，有名称的加注名称。江、河、湖、海、水库、池塘等除测定其岸边线外，还应测定其水涯线(测图时的水位线或常水位线)及其高程。根据需要可测注水深，也可用等深线或水下等高线表示。

河流、溪流、湖泊、水库等水涯线宜按测图时的水位测定，当水涯线与陡坎线在图上投影距离小于1mm时，以陡坎线符号表示；当水涯线与斜坡脚重合时，仍应在坡脚将水涯线绘出。河流在图上宽度小于0.5mm、沟渠在图上宽度小于1mm(1：2000地形图上小于0.5mm)的，用单线表示。

海岸线以平均大潮高潮的痕迹所形成的水陆分界线为准。各种干出滩在图上用相应的符号或注记表示，并适当测注高程。

水位高及施测日期需要测注。水渠应测注渠顶边和渠底高程；时令河应测注河床高程；堤、坝应测注顶部及坡脚高程；池塘应测注池塘顶边及塘底高程；泉、井应测注泉的出水与井台高程，并根据需要注记井台至水面的深度。

(6)独立地物的测绘

独立地物是指水塔、电视塔、烟囱、旗杆、石山、独立坟、独立树等。

独立地物对于用图时判定方位、确定位置、指示目标有着重要作用，应着重表示。独立地物应准确测定其位置。凡图上独立地物轮廓大于符号尺寸的，应依比例符号测绘；凡小于符号尺寸的，依非比例符号表示。独立地物符号的定位点的位置，在现行图式中均有相应的规定。

独立地物与房屋、道路、水系等其他地物重合时，可中断其他地物符号，间隔0.3mm，将独立性地物完整绘出。

开采的或废弃的矿井，应测定其井口轮廓，若井口在图上小于井口符号尺寸时，应依非比例符号表示。开采的矿井应加注产品名称，如“煤”、“铜”等。通风井也用矿井符号表示，加注“风”字，并加绘箭头表示进、回风。斜井井口及平硐洞口须按真实方向表示，符号底部为井的入口。

矸石堆应沿上边缘测定其转折点位置，以实线按实际形状连接各转折点，并依斜坡方向绘出规定的线条。同时，还应测定其坡脚范围，以点线绘出，并注记“矸石”二字。较大的独立地物应测定其范围，用相应的符号表示。

(7)植被的测绘

植被是覆盖在地面上的各类植物的总称，如森林、果园、耕地、草地、苗圃等。其测绘应符合下列规定：

①地形图上应正确反映出植被的类别和范围分布。对耕地、园地应实测范围，配置相应的符号表示。大面积分布的植被能表达清楚的情况下，可采用注记说明。同一地段生长有多种植物时，可按经济价值和数量适当取舍，符号配置不得超过三种(连同土质符号)。

②旱地包括种植小麦、杂粮、棉花、烟草、大豆、花生和油菜等的田地，经济作物、油料作物应加注品种名称，应以夏季主要作物为准配置符号。

③田埂宽度在图上大于1mm的，应用双线表示，小于1mm的，用单线表示。田块内应测注有代表性的高程。

④地类界与地面上有实物的线状符号重合，可省略不绘；与地面无实物的线状符号(架空管线、等高线等)重合时，可将地类界移位0.3mm绘出。

3. 地物测绘中的跑尺方法

地形测图时，立尺员依次在各碎部点立尺的作业通常称为跑尺。立尺员跑尺好坏，直接影响着测图速度和质量，在某种意义说，立尺员起指挥测图的作用。立尺员除须正确选择地物特征点外，还应结合地物分布情况，采用适当的跑尺方法，尽量做到不漏测、不重复。一般应按下述原则跑尺：

①地物较多时，应分类立尺，以免绘图员连错，不应单纯为立尺员方便而随意立尺。例如，立尺员可沿道路立尺，测完道路后，再按房屋立尺。当一类地物尚未测完，不应转到另一类地物上去立尺。

②当地物较少时，可从测站附近开始，由近到远，采用半螺旋形路跑尺。待迁测站后，立尺员再由远到近，以半螺旋形跑尺路线回到测站。

③若有多人跑尺，可以测站为中心，划成几个区，采取分区专人包干的方法跑尺。也可按地物类别分工跑尺。多人跑尺时，应注意各跑尺员所跑区域或内容之间的衔接，不能出现遗漏。

六、地貌的测绘

地貌形态千姿百态，但从几何学的观点分析，可以认为它是由许多不同形状、不同方向、不同倾角和不同大小的面组合而成。这些面的相交棱线，称为地性线。地性线是构成地貌的骨架。地性线有两种，一种是由两个不同走向或倾向的坡面相交而成的棱线，称为方向变换线，如山脊线和山谷线；另一种由两个不同倾角的坡面相交而成的棱线，称为坡度变换线，如陡坡与缓坡的交界线、山坡与平地交界的坡脚线等。在实际地貌测绘中，确定地性线的空间位置时，并不需要确定棱线上的所有点，而只需测定各棱线上的转弯点、分叉点和坡度变换的平面位置和高程就够了，这些棱线交点称为地貌特征点。测定地貌特征点，并以地性线构成地貌的骨架，地貌的形态就容易表示出来了。因此，地貌的测绘，主要是测绘这些地貌特征点及其地性线。

1. 等高线的勾绘

勾绘等高线的依据是地貌特征点和地性线。特征点的高程是随机的，而等高线的高程是一系列的固定值。由此可见，勾绘等高线的关键是根据特征点的高程求出各等高线所通过的点，一旦这些等高线的通过点求出，即可对照实际地形，将相邻的等高点连成等高线。

图 4-24(a)所示为测绘在图纸上的地貌特征点，下面说明等高线的勾绘过程。

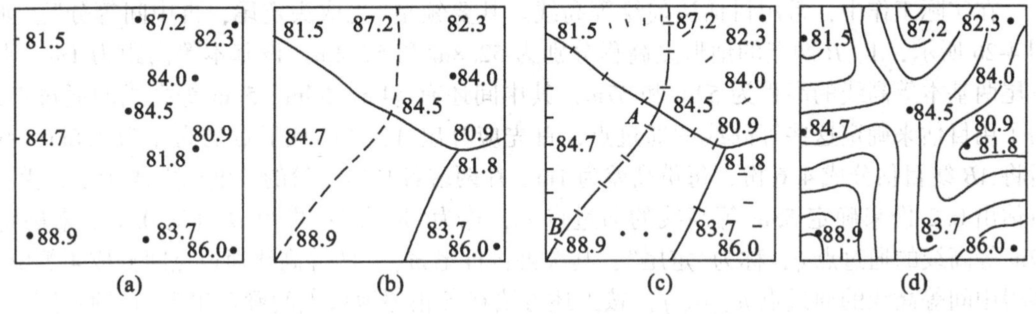

图 4-24 等高线的勾绘

(1)连接地性线

参照实际地貌，将有关的地貌特征点连接起来，在图上绘出地性线。用虚线表示山脊线，用实线表示山谷线，如图 4-24(b)所示。

(2)内插等高线通过点

由于等高线的高程必须是等高距的整倍数，而地貌特征点的高程一般不是整数，因此要勾绘等高线，首先要找出等高线的通过点。因为地貌特征点必须选在地面坡度变化处，所以相邻两特征点之间的坡度可认为是均匀的。这样，可在两点之间，按平距与高差成正比例的关系，内插出两点间各条等高线通过的位置。

内插等高线通过点均采用图解法或目估法。如图 4-25 所示，图解法是把绘有若干条等间距平行线的透明纸蒙在待内插的两点 a、b 上，转动透明纸，使 a、b 两点间通过平行线的条数与内插等高线的条数相同(图中为 4 条)，且 a、b 两点分别位于两点高程值不足等高距部分的分间距处(图中 a、b 分别位于 0.5 间距、0.9 间距处)，则各平行线与 ab 的交点就是所求点(图中为 85、86、87、88 四条等高线通过点)。

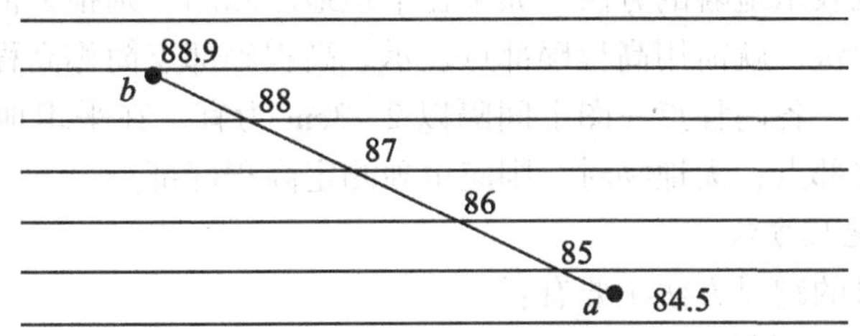

图 4-25 等高线内插

把所有相邻两点进行内插，就得到等高线通过点，如图 4-21(c)所示。注意：内插一定要在坡度均匀的两点间进行，为避免出错，最好在现场对照实际情况进行。

(3)勾绘等高线

把高程相同的点用圆滑的曲线连接起来，就勾绘出反映地貌形态的等高线。勾绘等高线时，要对照实地进行，要运用概括原则，对于山坡面上的小起伏或变化，要按等高线总体走向进行制图综合。特别要注意，描绘等高线时要均匀圆滑，不要出现死角或出刺现象。等高线绘出后，将图上的地性线全部擦去，图 4-21(d)为勾绘好的等高线图。

在实际工作中，常用目估法勾绘等高线。其要领是“先取头定尾，再中间等分”。如图 4-26 所示，A、B 两点的地形点高程分别为 52.8m 和 57.4m。设基本等高距为 1m，则首尾两基本等高线的高程为 53m 和 57m，其中间还有 54m、55m、56m 等高线的通过点，为了用目估来确定这些等高线的通过点，首先应算出 A、B 两地形点的高差为 4.6m，然后将 AB 线目估分成 4.6 份，每份高差为 1m。在两端各画出一份的长度如虚线所示，由 A 目估出 0.2 份来确定 53m 等高线的通过点 m，称为“取头”；再由 B 目估 0.4 份来确定 57m 等高线的通过点 q，称为“定尾”；其次再将首尾 m、q 两等高线通过点间分成 4 等份，即得中间等高线的通过点 n、o、p。按上述方法在各相邻地形点间确定出等高线通过点之后，参照实际地形考虑地性线的走向和弯曲程度将相同高程点用曲线连接起来，即得等高线图，如图 4-27 所示。

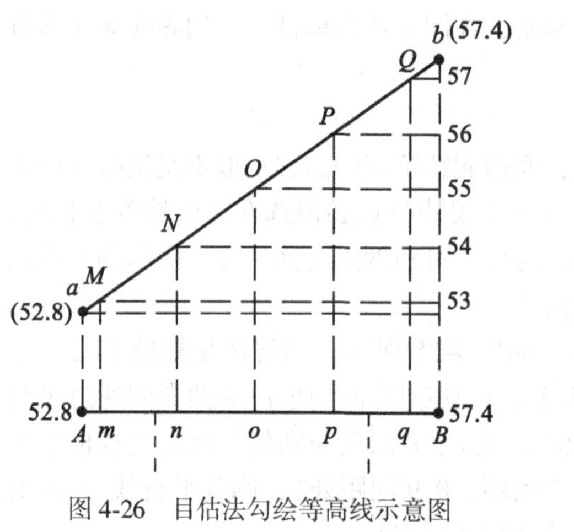

图 4-26 目估法勾绘等高线示意图

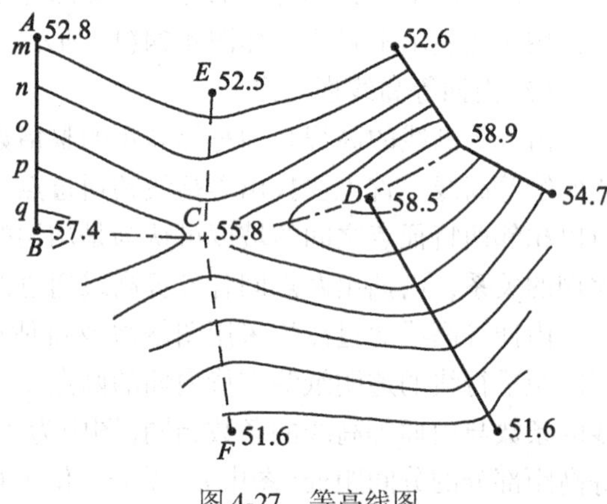

图 4-27 等高线图

上述为用等高线表示地貌的方法。如果在平坦地区测图，则很大范围内绘不出一条等高线。为表示地面起伏，就需用高程碎部点表示。高程碎部点简称高程点。高程点位置应均匀分布在平坦地区。各高程点在图上间隔以 2~3cm 为宜。在平坦地，有地物时，则以地物点高程为高程碎部点；无地物时，则应单独测定高程碎部点。

2. 测绘地貌的跑尺方法

测绘山区地貌时的跑尺方法主要有：

(1)沿山脊和山谷跑尺法

对于比较复杂的地貌，为了绘图连线方便和减少其差错，立尺员应从第一个山脊的山脚沿山脊往上跑尺，到山顶后，沿相邻的山谷线往下跑尺至山脚，然后跑紧邻的第二个山脊线和山谷线，直至跑完为止。这种跑尺方法，立尺员的体力消耗较大。

(2)沿等高线跑尺法

当地貌不太复杂、坡度平缓且变化较均匀时，立尺员按"之"字形沿等高线方向一排一排立尺。遇到山脊线或山谷线时顺便立尺。这种跑尺方法既便于观测和勾绘等高线，又易发现观测、计算中的差错。同时，立尺员的体力消耗也较小。但勾绘等高线时，容易判断错地性线的点位，故绘图员要特别注意对于地性线的连接。

七、地形图测绘要注意的问题

1. 碎部点的密度

地形点的密度主要根据地形的复杂程度确定，也取决于测图比例尺和测图的目的。测绘不同比例尺的地形图，对碎部点间距有不同的限定，对碎部点距测站的最远距离也有不同的限定。表4-8、表4-9给出了地形测绘采用视距测量方法测量距离时的地形点最大间距和最大视距的允许值。

表4-8 **地形点最大间距和最大视距（一般地区）**

测图比例尺	地形点最大间距	最大视距	
		主要地物特征点	次要地物特征点和地形点
1∶500	15	60	100
1∶1000	30	100	150
1∶2000	50	130	250
1∶5000	100	300	350

表4-9 **地形点最大间距和最大视距（城镇建筑区）**

测图比例尺	地形点最大间距	最大视距	
		主要地物特征点	次要地物特征点和地形点
1∶500	15	50	70
1∶1000	30	80	120
1∶2000	50	120	200

2. 碎部测图的综合取舍

地形图的绘制是一项技术性很强的工作，要求注意地物点、地貌点的取舍和概括，并应具有灵活的绘图运笔技能。

地形图上所绘地物不是对相应地面情况简单的缩绘，而是经过取舍与概括后的测定与绘图。图上的线划应当密度适当，否则会造成用图的困难。

为突出地物基本特征和典型特征，化简某些次要碎部而进行的制图概括，称为地物概括。例如，在建筑物密集且街道凌乱窄小的居民区，为突出居民区所占位置及整个轮廓，清楚地表示贯穿居民区的主要街道，可以采取保持居民区四周建筑物平面位置正确，将凌乱的建筑物合并成几块建筑群，并用加宽表示的道路隔开的方法。

地物形状各异、大小不一，绘制时可采用不同的方法。对于用比例符号表示的规则地物，可连点成线，画线成形；对于用非比例符号表示的地物，以符号为准，单点成形；对于用半比例符号表示的地物，可沿点连线，近似成形。

3. 碎部测量注意事项

①测图过程中，全组人员要互相配合、协调一致，使工作有条不紊。

②观测人员在读取竖盘读数时，要注意检查竖盘指标水准管气泡是否居中；每观测20~30个碎部点后，应重新瞄准起始方向，检查其变化情况。经纬仪测绘法起始方向度盘读数偏差不得超过4′。

③立尺人员应将标尺竖直，并随时观察立尺点周围情况，弄清碎部点之间的关系。地形复杂时，还需绘出草图，以协助绘图人员做好绘图工作。

④绘图员应依据观测和计算的数据及时展绘碎部点、勾绘地形图，保持图面整洁、图式符号正确，并做到随测点，随展绘，随检查。

⑤当每站工作结束后，应进行检查，在确认地物、地貌无测错或漏测时，方可迁站。

八、地形图的拼接、整饰、检查验收

在外业工作中，当碎部点展绘在图上后，就可对照实地随时描绘地物和等高线了。如果测区较大，由多幅图拼接而成，还应及时对各图幅衔接处进行拼接检查，经过检查与整饰，才能获得合乎要求的地形图。

1. 地形图的拼接

当测区面积较大时，整个测区必须划分为若干幅图进行施测。这样，在相邻图幅连接处，由于测量误差和绘图误差的影响，无论是地物轮廓线还是等高线，往往不能完全吻合，如图4-28所示。相邻左、右两图幅相邻边的衔接情况，房屋、河流、等高线都有偏差。为进行图幅拼接，每幅图四边均应测出图廓外5mm。接图是在5~6cm的透明纸条上进行的。先把透明纸蒙在本幅图的接图边上，用铅笔把图廓线、坐标格网线、地物、等高线透绘在透明纸上，然后将透明纸蒙在相邻图幅上，使图廓线和格网线拼齐后，即可检查接图边两侧的地物及等高线的偏差。当相邻两幅图的地物及等高线偏差不超过规范规定中的地物点点位中误差、等高线高程中误差的$2\sqrt{2}$倍时，则先在透明纸上按平均位置进行修

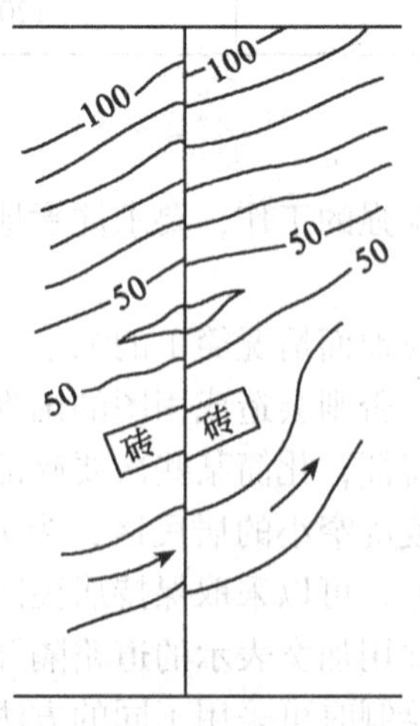

图4-28　地形图的拼接

正，而后照此图修正原图；若偏差超过规定限差，则应分析原因，到实地检查改正错误。

《工程测量规范》规定地物点相对于邻近图根点的点位中误差和等高线相对于邻近图根点的高程中误差见表4-10。

表4-10

图上地物点的点位中误差(mm)		等高线插求点的高程中误差(mm)			
一般地区	居民区、工业区	平坦地	丘陵地	山地	高山地
0.8	0.6	$d/3$	$d/2$	$2d/3$	$1d$

注：d为等高距(m)

2. 地形图的整饰

外业测量得到的铅笔图，称为地形原图。地形原图的清绘有铅笔清绘和着墨清绘。铅笔清绘又叫铅笔修图，即在实测的铅笔原图上，用铅笔进行整理加工和修饰等工作。在着墨清绘时，根据地形图图式对整饰好的铅笔原图进行着墨描绘。

在野外测绘铅笔图时，图上的文字、数字和符号表示不规则、布置不尽合理，所以必须进行修图(清绘)来达到铅笔原图的要求。

铅笔清绘一般采用2H或者3H铅笔描绘，对原图上不合要求的符号、线划和注记以及图面不清洁的地方，先用软橡皮进行轻轻擦淡，再按图示规定重新绘注。要随擦随绘，一次擦的内容不能过多，以免图面不清楚，描绘困难。清绘时，要注意地物地貌的位置、内容和种类均不得更改和增减。原图清绘可按要素逐项进行，也可按坐标网格逐格进行。最终应使图面内容准确、完整、显示合理、清晰美观。

地形原图清绘的顺序是：内图廓线—控制点—独立地物—其他地物—高程注记点—植被—名称注记—等高线—外图廓线—图廓线外整饰(包括图名、图号、比例尺、测图坐标系、高程系、临接图表、测图单位名称等)。其主要内容和要求如下：

用橡皮小心地擦掉一切不必要的点、线，所有地物和地貌都按《地形图图式》的规定，用铅笔重新画出各种符号和注记。地物轮廓应明晰清楚并与实测线位严格一致，不准随意变动。等高线应描绘得光滑匀称，按规定的粗细加粗。用工整的字体进行注记，字头朝北(计曲线的高程值注记除外)。文字注记位置应适当，应尽量避免遮盖地物。计曲线高程注记尽量在图幅中部排成一列，地貌复杂时可分注几列。重新描绘好坐标方格网(因经过较长的测图过程，图上方格网已不清晰了，故需依原图绘制方格网时所刺的点绘制并注意其精度)。此外，还要在方格网线的规定位置上注明坐标值。

按规定整饰图廓。在图廓外相应位置注写图名、图号、接图表、比例尺、坐标系和高程系统、基本等高距、测绘机关名称、测绘者姓名和测图年月等。

3. 地形图检查验收与质量评定

地形图及其有关资料的检查验收工作是测绘生产的一个不可缺少的重要环节，是测绘生产技术管理工作的一项重要内容。对地形图实行二级检查(测绘单位对地形图的质量实行过程检查和最终检查)、一级验收制(验收工作由任务的委托单位组织实施，或者由该单位委托具有检验资格的检验机构验收)。

地形图的检查验收工作，要在测绘作业人员自己做充分检查的基础上，提请专门的检查验收组织进行最后总的检查和质量评定。若合乎质量标准，则应予以验收。检查验收的主要技术依据是地形测量技术设计，现行国标《地形测量规范》、《地形图图式》、《测绘产品质量评定标准》、《测绘产品检查验收规定》。为了确保地形图质量，除施测过程中加强检查外，在地形图测完后，必须对成图质量做一次全面检查。

(1)室内检查

室内检查的内容有：各种符号注记是否正确、完整，等高线与地形点的高程是否相符，有无矛盾可疑之处，应提交的资料是否齐全；控制点的数量是否符合规定；记录、计算是否正确；控制点、图廓、坐标格网展绘是否合格；图内地物、地貌表示是否合理，符号是否正确；图边拼接有无问题等。如果发现疑点或错误，可作为野外检查的重点。

(2)外业检查

外业检查包括巡视检查和仪器检查。巡视检查是根据室内检查的情况，有计划地确定巡视路线，进行实地对照查看。主要检查地物、地貌有无遗漏；等高线是否逼真合理；符号、注记是否正确等。根据室内检查和巡视检查发现的问题，到野外设站检查和补测。另外，还要进行抽查，把仪器重新安置在图根控制点上，对一些主要地物和地貌进行重测，如发现误差超限，则应按正确结果修正，设站抽查量一般为10%。

验收是在委托人检查的基础上进行的，以鉴定各项成果是否合乎规范及有关技术指标。对地形图验收，一般先室内检查、巡视检查，并将可疑处记录下来，再用仪器在可疑处进行实测检查、抽查。通常，仪器检测碎部点的数量为测图量的10%。统计出地形图的平面位置精度及高程精度，作为评估测图质量的主要依据。对成果质量的评价一般分为优、良、合格和不合格四等级。

工作任务3 应用地形图

地形图既详细又如实地反映了地面上各种地物分布、地形起伏及地貌特征等情况，因此它是国家各个部门和各项工程建设中必需的资料，而在军事与国防建设中也是极为重要的资料。一幅内容丰富完善的地形图，可以解决各种工程问题，并获得必要的资料，如果善于阅读地形图，就可以了解到图内地区的地形变化、交通路线、河流方向、水源分布、居民点的位置、人口密度及自然资源种类分布等情况。

地形图都注有比例尺，并具有一定的精度，因此，利用地形图可以求取许多重要数据，如地面点的坐标、高程，量取线段的距离，直线的方位角以及面积，等等。

一、地形图的基本应用

1. 求图上任一点的高程

地形图上任一点的高程可以根据等高线来确定。可以分为以下三种情况：

①如果所求点位于等高线上，则其高程为等高线的注记高程。

②如果所求点位于两条等高线之间，则该点高程可通过等高线平距与高差成正比的原则用线性内插法来求得。

如图4-29所示，首先过K点画一条直线与两条等高线交于M、N两点，再用尺子量

出 MK 和 MN 的长度，然后就可以计算出 K 点到 M 点之间的高差

$$h_{MK}=\frac{MK}{MN}\times h_0$$

式中：h_0 为等高距。则 K 点的高程为

$$H_K=H_M+\left(\frac{MK}{MN}\times h_0\right)$$

在图 4-30 中，如要求 A 点的高程，即通过 A 点作大约垂直 A 点附近两根等高线的垂线 cd，量出 cd 及 Ad 的长度，设分别为 12mm 及 8mm，由图上可知，等高线间隔为 10m，则用比例方法求出 A 点对 260m 等高线的高差为

$$\Delta h=\frac{Ad}{cd}\times 10=\frac{8}{12}\times 10=6.7(\text{m})$$

因此 A 点的高程为

$$H_A=260+6.7=266.7(\text{m})$$

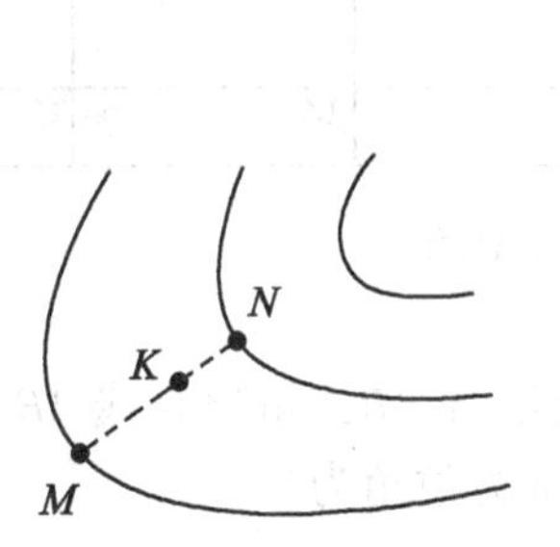

图 4-29　图解点高程示意图

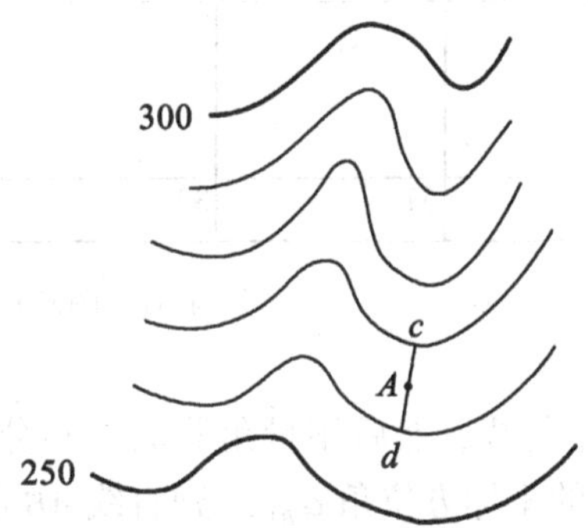

图 4-30　计算任一点高程示意图

③所求点位于地形点之间，如在一些地物点附近，如房屋、道路、空地等处没有等高线，只在地形点上标注地面高度，而且这种地形不一定都是平坦地。在这种情况下，可将地形点之间的地面坡度视为均匀坡度，可按前述方法求得此点高度。

2. 求图上任一点的平面直角坐标

在图上求任一点的坐标，可根据图上的坐标格网的坐标值来进行。如图 4-31 所示，设所求点 A 在 $abcd$ 方格内，则可先通过 A 点作坐标格网的平行线，以 a 点为起算点，在图上用比例尺量出 Af 和 Ak，$Af=649\text{m}$，$Ak=634\text{m}$，则 A 点坐标：$X_A=X_a+Ak=2564000+634=2564634(\text{m})$；$Y_A=Y_a+Af=38430000+649=38430649(\text{m})$。

为了校核量测结果，并考虑图纸伸缩的影响，最好分别量出 af 和 fb 以及 ak 和 kd 的长度，设图上的坐标方格边长为 L，其中图 4-28 中 $L=1000\text{m}$，则

$$X_A=X_a+\frac{L}{af+fb}\times af \qquad Y_A=Y_a+\frac{L}{ak+kd}\times ak$$

3. 求图上直线的方向

确定图上直线的方向就是确定直线的方位角。

(1)图解法

用量角器在图上可以直接量取某一直线的方位角。具体方法为：先过 A、B 两点分别

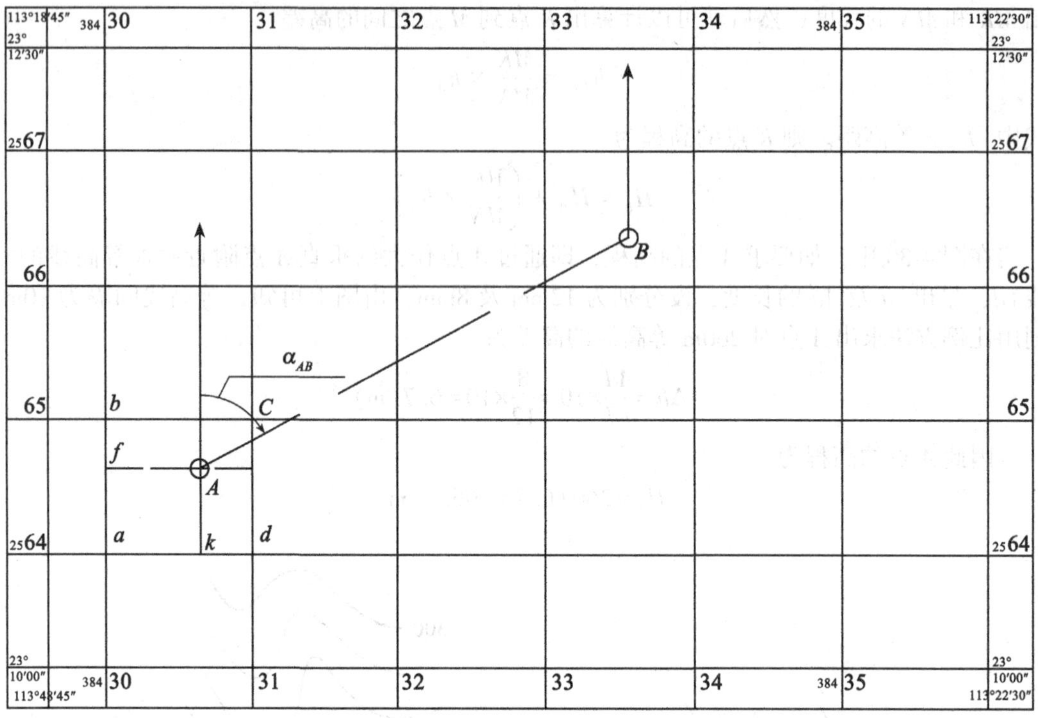

图 4-31 图解点坐标示意图

作坐标纵轴的平行线，然后用量角器的中心分别对准 A、B，量出直线 AB 的坐标方位角 α_{AB} 和直线 BA 的坐标方位角 α_{BA}，则直线 AB 的坐标方位角为

$$\alpha_{AB} = \frac{1}{2}(\alpha_{AB} + \alpha_{BA} \pm 180°) \tag{4-5}$$

(2)解析法

若 A、B 不在同一幅图上，或要求精度高一些，则可先量出两点的坐标，然后按坐标反算方法，计算方位角 α_{AB}，即

$$\alpha_{AB} = \arctan\frac{\Delta y}{\Delta x} = \arctan\frac{y_B - y_A}{x_B - x_A} \tag{4-6}$$

4. 求图上两点间的距离

(1)图解法

用直尺量取图上距离乘以 M，或用比例尺直接量取。

(2)解析法

若 A、B 不在同一幅图上，或要求精度高一些，则可以使用确定图上任一点坐标的方法，先量出两点的坐标，然后按坐标反算方法，计算距离 D_{AB}，即

$$D_{AB} = \sqrt{(x_B - x_A)^2 + (y_B - y_A)^2} \tag{4-7}$$

5. 求图上两点间的坡度

直线坡度是指直线段两端点的高差与其水平距离的比值。在地形图上，如要确定某方向线 AB 的倾斜角 α 或坡度 i，必须先测算 A、B 两点高程，计算 A、B 两点间的高差 h_{AB}，

再量测 AB 间的水平距离 D，则可以计算出地面上 AB 连线的坡度 i 或倾斜角 α(见图4-32)，即

$$i=\tan\alpha=\frac{h_{AB}}{D}=\frac{h_{AB}}{d\times M}$$

式中：d 为 AB 连线的图上长度；M 为比例尺分母；α 为 AB 连线在垂直面投影的倾斜角；i 为直线坡度，一般用百分率或千分率表示。

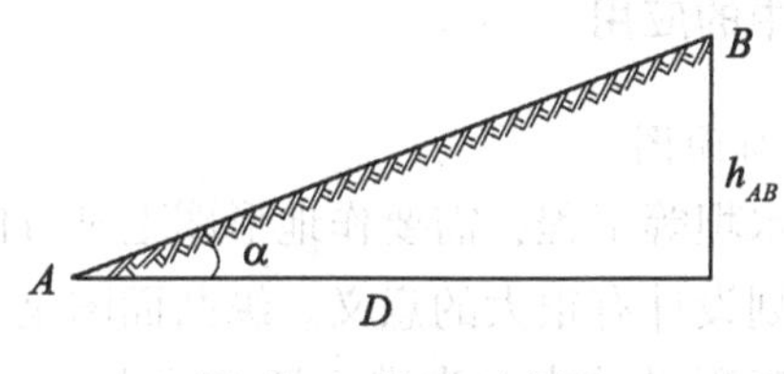

图 4-32　坡度示意图

6. 在地形图上确定汇水面积

在修建大坝、桥梁、涵洞和排水管道等工程时，都需要知道有多大面积的雨水、雪水向这个河道或谷地里汇集，以便在工程设计中计算流量，这个汇水范围的面积称为汇水面积(或称集雨面积)。

由于雨水是沿山脊线(分水线)向两侧山坡分流，所以汇水范围的边界线必然是由山脊线及与其相连的山头、鞍部等地貌特征点和人工构筑物(如坝和桥)等线段围成。如图4-33 所示，欲在 A 处建造一个泄水涵洞。AE 为一山谷线，泄水涵洞的孔径大小应根据流经该处的水量决定，而水量又与山谷的汇水范围大小有关。从图 4-30 中可以看出，由山脊线 BC、CD、DE、EF、FG、GH 及道路 HB 所围成的边界就是这个山谷的汇水范围，量算出该范围的面积即得汇水面积。

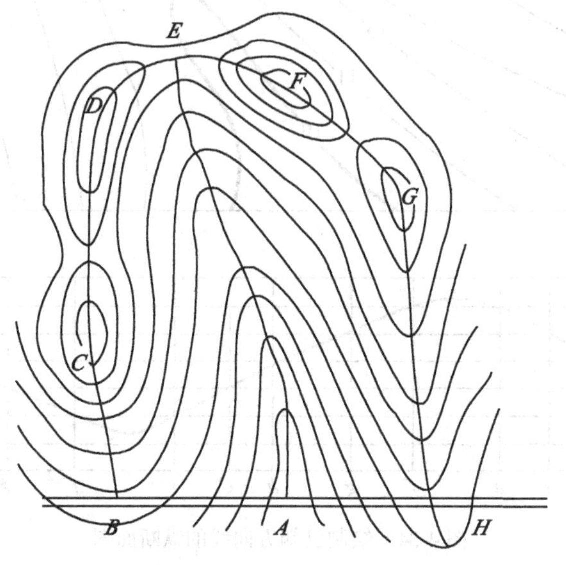

图 4-33　汇水面积图示

在确定汇水范围时，应注意以下两点：

①边界线(除构筑物 A 外)应与山脊线一致，且与等高线垂直。

②边界线是经过一系列山头和鞍部的曲线，并与河谷的指定断面(如图中 A 处的直线)闭合。

根据汇水面积的大小，再结合气象水文资料，便可进一步确定流经 A 处的水量，从而对拟建此处的涵洞大小提供设计依据。

二、地形图在工程规划中的应用

1. 绘制已知方向线的纵断面图

为了修建道路、管线、水坝等工程，需要作地形图上某方向的断面图，表示出特定方向的地形变化，这对工程规划设计有很大的意义。纵断面图是反映指定方向地面起伏变化的剖面图。在道路、管道等工程设计中，为进行填、挖土(石)方量的概算、合理确定线路的纵坡等，均需较详细地了解沿线路方向上的地面起伏变化情况，为此，常根据大比例尺地形图的等高线绘制线路的纵断面图。

如图 4-34 所示，欲绘制直线 BC、CD 纵断面图，具体步骤如下：

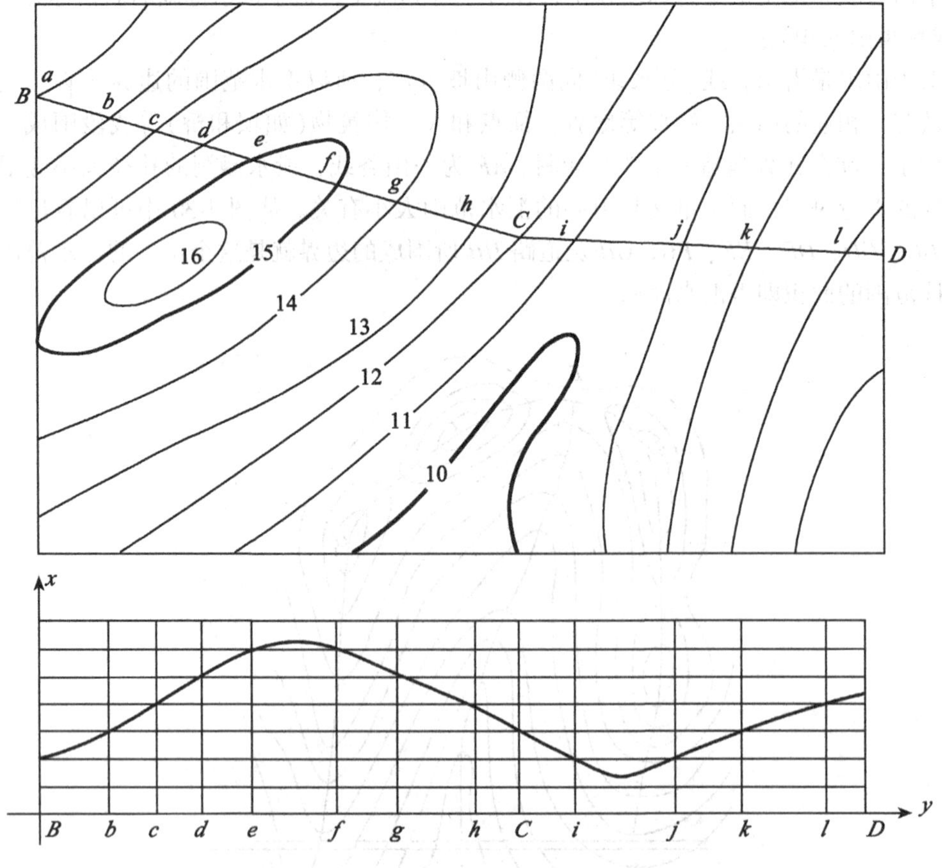

图 4-34 绘制已知方向线的纵断面图

①在图纸上绘出表示平距的横轴 PQ，过 A 点作垂线作为纵轴，表示高程。平距的比例尺与地形图的比例尺一致；为了明显地表示地面起伏变化情况，高程比例尺往往比平距比例尺放大 5~10 倍。

②在纵轴上标注高程，在图上沿断面方向量取两相邻等高线间的平距，依次在横轴上标出，得 b，c，d，…，l 及 C 等点。

③从各点作横轴的垂线，在垂线上按各点的高程，对照纵轴标注的高程确定各点在剖面上的位置。

④用光滑的曲线连接各点，即得已知方向线 $B—C—D$ 的纵断面图。

2. 按规定坡度选定最短路线

在公路、渠道、管线等工程设计中，往往要求在不超过某一坡度 i 的条件下，选择一条最短的路线。这时，应先根据地形图上的等高线间隔，求出相应于一定坡度 i 时的平距 D，并按地形图的比例尺计算出图上的平距 d，用两脚规在地形图上求得整个路线的位置。

如图 4-35 所示，设从公路旁 A 点到山头 B 点选定一条路线，限制坡度为 4%，地形图比例尺为 1∶2000，等高距为 1m，具体方法如下：

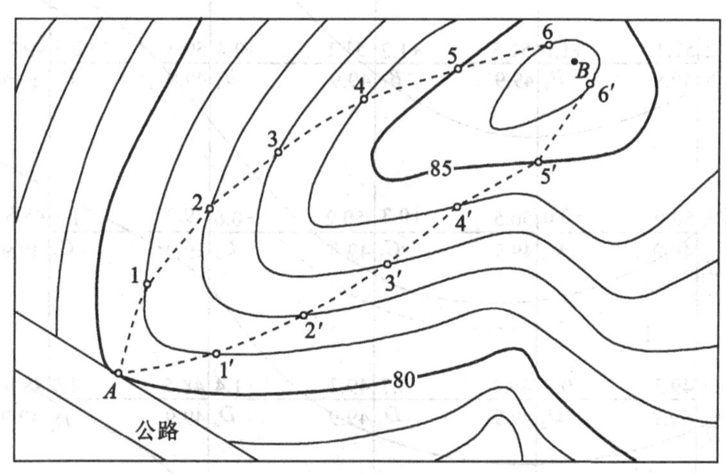

图 4-35　按规定坡度选定最短路线

①确定线路上两相邻等高线间的最小等高线平距，即

$$d=\frac{h}{iM}=\frac{1}{0.04\times2000}=12.5(\mathrm{m})$$

②先以 A 点为圆心，以 d 为半径，用圆规画弧，交 81m 等高线于 1 点，再以 1 点为圆心，同样以 d 为半径画弧，交 82m 等高线于 2 点，依次到 B 点。连接相邻点，便得同坡度路线 A—1—2—…—B。

在选线过程中，有时会遇到两相邻等高线间的最小平距大于 d 的情况，即所画圆弧不能与相邻等高线相交，说明该处的坡度小于指定的坡度，则以最短距离定线。

③另外，在图上还可以沿另一方向定出第二条线路 A — 1′— 2′—…— B，可作为方案的比较。

在实际工作中，还需在野外考虑工程上其他因素，如少占或不占耕地、避开不良地质构造、减少工程费用、整个路线不要过分弯曲等，最后确定一条最佳路线。

3. 平整场地

将施工场地的自然地表按要求整理成一定高程的水平地面或一定坡度的倾斜地面的工作，称为平整场地。在平整场地工作中，为使填、挖土石方量基本平衡，常要利用地形图确定填、挖边界和进行填、挖土石方量的概算。平整场地的方法很多，主要有方格法、等高线法和断面法。

(1)方格法

方格法适用于地形起伏不大、需要把场地设计为水平场地的地方。图 4-36 为一块待平整的场地，比例尺为 1∶1000，等高距为 1m，拟将原地面平整成某一高程的水平面，使填、挖土石方量基本平衡。方法步骤如下：

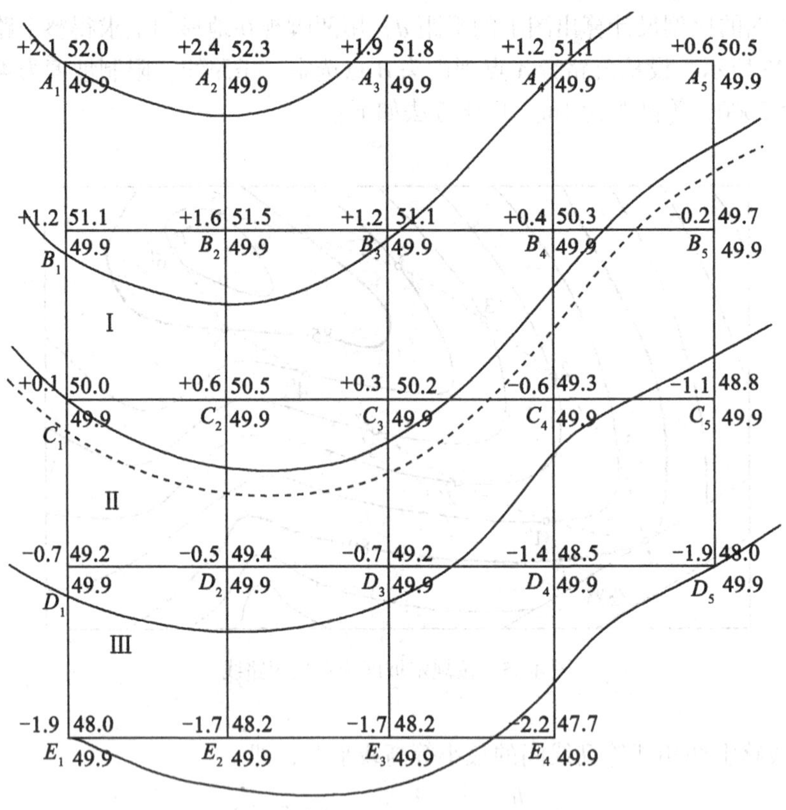

图 4-36 方格法平整场地

①绘制方格网。在地形图上待平整场地内绘制方格网，方格大小根据地形复杂程度、地形图比例尺以及要求的精度而定。一般方格的边长为 10m 或 20m。图中方格为 20m×20m。各方格顶点号注于方格点的左下角，如图中的 A_1，A_2，…，E_3，E_4等。

②求各方格顶点的地面高程。根据地形图上的等高线，用内插法求出各方格顶点的地面高程，并注于方格点的右上角。

③计算设计高程。分别求出各方格四个顶点的平均值，即各方格的平均高程；然后，

将各方格的平均高程求和并除以方格数 n，即得到设计高程 $H_{设}$。根据图 4-33 中的数据，求得的设计高程 $H_{设}=49.9\text{m}$，并注于方格顶点右下角。

先将每一方格顶点的高程相加除以 4，就可以得到每个方格的平均高程 H_i，再将每个方格的平均高程相加除以方格总数，就得到挖填平衡的设计高程 $H_{设}$，当挖填工作完成后，这时工程场地就会变为一个水平面，那么 $H_{设}$ 就是这个水平面的高程，其计算公式为

$$H_0 = \frac{1}{n}(H_1 + H_2 + \cdots + H_n) = \frac{1}{n}\sum_{i=1}^{n} H_i \tag{4-8}$$

式中：H_1，H_2，…，H_n 分别为每个方格的平均高程。

从图 4-35 可以看出，方格网的角点 A_1，A_5 高程在计算平均高程的时候只用了一次，边点的高程 A_2，A_3，A_4 用了两次，中点 B_2，B_3，B_4 的高程用了四次，因此，设计高程 H_0 的计算公式可以变换为

$$H_0 = \frac{\sum H_{角} + 2\sum H_{边} + 3\sum H_{拐} + 4\sum H_{中}}{4n} \quad (n\text{ 为方格的个数}) \tag{4-9}$$

式中：$H_{角}$ 为方格网中角点高程；$H_{为}$ 方格网中边点高程；$H_{中}$ 为方格网中中点高程。

④确定方格顶点的填、挖高度。各方格顶点地面高程与设计高程之差为该点的填、挖高度，即

$$h = H_{地} - H_{设}$$

式中：h 为“+”表示挖深，为“-”表示填高。将 h 值标注于相应方格顶点左上角。

⑤确定填挖边界线。根据设计高程 $H_{设}=49.9\text{m}$，在地形图上用内插法绘出 49.9m 等高线。该线就是填、挖边界线，即图 3-35 中用虚线绘制的等高线。

⑥计算填、挖土石方量。有两种情况：一种是整个方格全填或全挖方，如图 3-35 中方格Ⅰ、Ⅲ；另一种是既有挖方，又有填方的方格，如图 3-33 中方格Ⅱ。

下面以方格Ⅰ、Ⅱ、Ⅲ为例，说明其计算方法。

方格Ⅰ为全挖方：

$$V_{\text{Ⅰ}挖} = \frac{1}{4}(1.2\text{m}+1.6\text{m}+0.1\text{m}+0.6\text{m})\times A_{\text{Ⅰ}挖} = 0.875A_{\text{Ⅰ}挖}\text{m}^3$$

方格Ⅱ既有挖方，又有填方：

$$V_{\text{Ⅱ}挖} = \frac{1}{4}(0.1\text{m}+0.6\text{m}+0+0)\times A_{\text{Ⅱ}挖} = 0.175A_{\text{Ⅱ}挖}\text{m}^3$$

$$V_{\text{Ⅱ}填} = \frac{1}{4}(0+0-0.7\text{m}-0.5\text{m})\times A_{\text{Ⅱ}填} = -0.3A_{\text{Ⅱ}填}\text{m}^3$$

方格Ⅲ为全填方：

$$V_{\text{Ⅲ}填} = \frac{1}{4}(-0.7\text{m}-0.5\text{m}-1.9\text{m}-1.7\text{m})\times A_{\text{Ⅲ}填} = 1.2A_{\text{Ⅲ}填}\text{m}^3$$

式中：$A_{\text{Ⅰ}挖}$、$A_{\text{Ⅱ}挖}$、$A_{\text{Ⅱ}填}$、$A_{\text{Ⅲ}填}$ 分别为各方格的填、挖面积(m^2)。

同法可计算出其他方格的填、挖土石方量，最后将各方格的填、挖土石方量累加，即得总的填、挖土石方量。

(2)等高线法

场地地面起伏较大，且仅计算挖方时，可采用等高线法。这种方法从场地设计高程的等高线开始，算出各等高线所包围的面积，分别将相邻两条等高线所围面积的平均值乘以

等高距，就是此两等高线平面间的土方量，再求和，即得总挖方量。

如图4-37所示，地形图等高距为2m，要求平整场地后的设计高程为55m。先在图中内插设计高程55m的等高线(图中虚线)，再分别求出55m、56m、58m、60m、62m五条等高线所围成的面积A_{55}、A_{56}、A_{58}、A_{60}、A_{62}，即可算出每层土石方量为

$$V_1 = \frac{1}{2}(A_{55} + A_{56}) \times 1$$

$$V_2 = \frac{1}{2}(A_{56} + A_{58}) \times 2$$

$$V_3 = \frac{1}{2}(A_{58} + A_{60}) \times 2$$

$$V_4 = \frac{1}{2}(A_{60} + A_{62}) \times 2$$

$$V_5 = \frac{1}{3}A_{62} \times 0.8$$

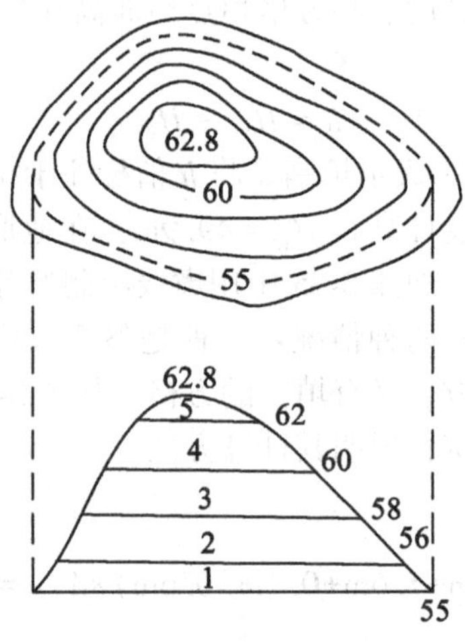

图4-37　等高线法

V_5是62m等高线以上山头顶部的土石方量，则总挖方量为

$$\sum V_W = V_1 + V_2 + V_3 + V_4 + V_5$$

(3)断面法

在道路和管线建设中，沿中线至两侧一定范围内线状地形的土石方量估算常用断面法。这种方法是在施工场地范围内，利用地形图以一定间距绘出断面图，分别求出各断面由设计高程线与断面曲线(地面高程线)围成的填方面积和挖方面积，然后计算每相邻断面间的填(挖)方量，分别求和即为总填(挖)方量。

如图4-38所示，地形图比例尺为1∶1000，矩形范围是欲建道路的一段，其设计高程为47m，为求土石方量，先在地形图上绘出相互平行、间隔为L(一般实地距离为20～40m)的断面方向线1-1、2-2、…、6-6；按一定比例尺绘出各断面图(纵、横轴比例尺应一致，常用比例尺为1∶100或1∶200)，并将设计高程线展绘在断面图上(见图4-38中

1-1、2-2断面)；然后在断面图上分别求出各断面设计高程线与地面高程线所包围的填土面积 A_{Ti} 和挖土面积 A_{Wi}（i 表示断面编号），最后计算两断面间土石方量。例如，1-1、2-2两断面间的土石方量为

填方量 $$V_T=\frac{1}{2}(A_{T1}+A_{T2})l$$

挖方量 $$V_W=\frac{1}{2}(A_{W1}+A_{W2})l$$

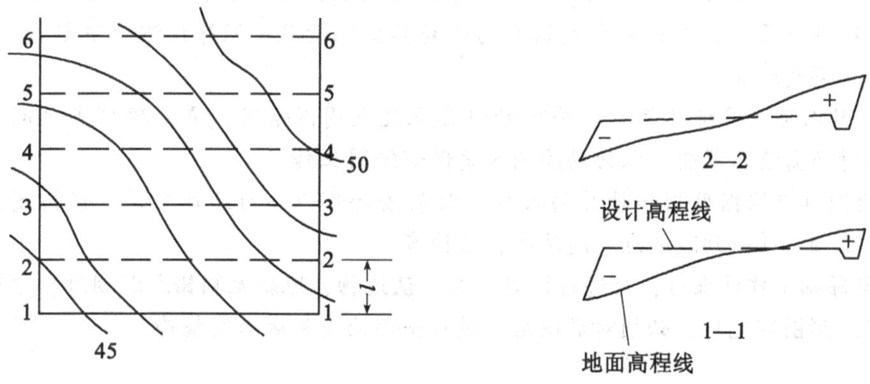

图4-38　断面法估算土石方量

同法依次计算出每相邻断面间的土石方量，最后将填方量和挖方量分别累加，即得总土石方量。

上述三种土石方量估算方法各有特点，应根据场地地形条件和工程要求选择合适的方法。当实际工程土石方估算精度要求较高时，往往要到现场实测方格网图(方格点高程)、断面图或地形图。此外，当高差较大时，实际工程中应参照上述方法将削坡部分的土石方量计算在内。

☞ 完成项目要领提示

完成地形图测绘项目的基本流程如图4-39所示。

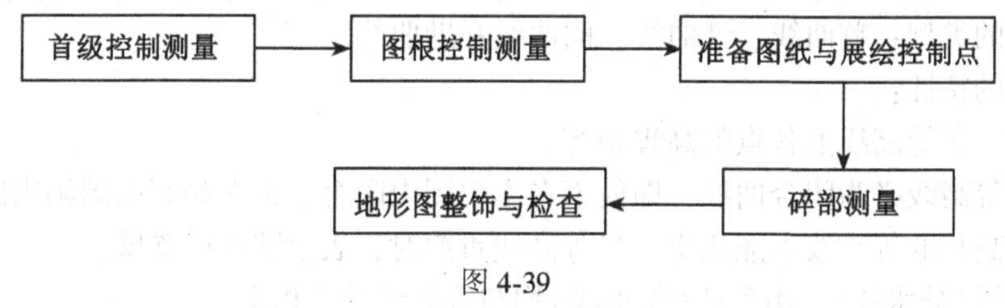

图4-39

①进行大比例尺地形图测绘时，必须有一定数量的控制点才能保证地形图的精度，所以，必须在测区内，以国家等级控制点为基础，布设首级平面控制网，可以采用GPS方法进行。

②图根平面控制测量可以采用导线测量、GPS 测量等方法进行，每幅图要布设足够的图根控制点。

③测图前，应先准备图纸，并展绘好各类控制点，包括首级控制点和图根点。控制点展好后，应检查各控制点之间的图上长度与按比例尺缩小后的相应实地长度之差，其差数不应超过图上长度的 0.3mm，合格后才能进行测图。

④在进行碎部测量时，应注意以下几点：

- 测图过程中，全组人员要互相配合、协调一致，使工作有条不紊。
- 观测人员在读取竖盘读数时，要注意检查竖盘指标水准管气泡是否居中；每观测 20~30 个碎部点后，应重新瞄准起始方向检查其变化情况。经纬仪测绘法起始方向度盘读数偏差不得超过 4′。
- 立尺人员应将标尺竖直，并随时观察立尺点周围情况，弄清碎部点之间的关系，地形复杂时还需绘出草图，以协助绘图人员做好绘图工作。
- 绘图员应依据观测和计算的数据及时展绘碎部点、勾绘地形图，保持图面整洁、图式符号正确，并做到随测点，随展绘，随检查。
- 当每站工作结束后，应进行检查，在确认地物、地貌无测错或漏测时，方可迁站。

⑤在地形图测完后，必须对成图质量进行全面检查和地形图整饰。

知 识 小 结

1. 基本概念

比例尺：图上某一线段的长度与地面上相应线段的水平距离之比，通常以分子等于 1 的分数形式表示，即$\frac{1}{M}$，M 称为比例尺分母。

比例尺精度：地形图上 0.1mm 所代表的地面上的实地距离。

地形图图式符号：地面上的地物在地形图上都是用简明、准确、易于判断实物的符号表示的，这些符号称为地形图图式符号。

等高线：地面上高程相等的相邻点连接而成的闭合曲线。

等高距：两条相邻等高线的高差。

等高线平距：相邻等高线间的水平距离。

等高线的类型：首曲线、计曲线、间曲线和助曲线。

等高线的特性：

①在同一条等高线上各点的高程相等。

②每条等高线必为闭合曲线，即使不在本幅图内闭合，也在相邻的图幅内闭合。

③不同高程的等高线不能相交。当等高线重叠时，表示陡坎或绝壁。

④山脊线(分水线)、山谷线(集水线)均与等高线垂直相交。

⑤等高线平距与坡度成正比。在同一幅图上，平距小表示坡度陡，平距大表示坡度缓，平距相等表示坡度相同。换句话说，坡度陡的地方等高线就密，坡度缓的地方等高线就稀。

⑥等高线跨河时，不能直穿河流，必须绕经上游正交于河岸线，中断后再从彼岸折向

下游。

2. 大比例尺地形图测绘

(1)碎部测量

按地形测量工作的程序，在完成平面控制测量和高程控制测量之后，即可进行地形图的测绘，又称碎部测量。碎部测量的准备工作包括图纸的准备；坐标格网(方格网)的绘制；展绘控制点。测绘地形图的方法通常用经纬仪测绘法，测绘碎部点的位置普遍应用极坐标法。

(2)地形图测绘方法——经纬仪测绘法

将经纬仪安置于测站点 A 上，量取仪器高 i，照准另一控制点 B 使水平度盘读数设置成 0°00′00″。然后照准立在碎部点上的视距尺，读取水平角、中丝读数(一般使中丝对准尺上仪器高 i 处)和视距间隔，竖直角计算测站点到碎部点的水平距离和碎部点的高程。

置绘图板在测站边。根据水平角和距离按极坐标法，绘制碎部点的点位，并将高程注记在点旁。

3. 数字化测图

全站仪数字化测图的实质是解析法测图，将地形图形信息通过全站仪转化为数字输入计算机，以数字形式存储在存储器中形成数字地形图。

(1)全站仪数字化测图的三种模式

①全站仪结合电子平板模式；

②直接利用全站仪内存模式；

③全站仪加电子手簿或高性能掌上电脑模式。

(2)全站仪数字化测图过程

全站仪数字化测图过程主要分为准备工作、数据获取、数据输入、数据处理、数据输出五个阶段。

4. 地形图应用

①在图上确定某点坐标；

②在图上确定直线的长度和坐标方位角；

③在图上确定点的高程；

④根据地形图按指定坡度选定线路；

⑤根据地形图计算土方量。

知 识 检 验

一、填空题

1. 测绘地形图的程序一般包括________、________以及图幅的拼接、________、检查和________。

2. 地形图上的地貌是用________表示的。

3. 为将施工场地设计成平地，并使挖填方平衡，需要计算________、________和填挖方量。

4. 等高距是两相邻等高线之间的____________。

二、选择题

1. 一组闭合的等高线是山丘还是盆地，可根据(　　)来判断。

A. 助曲线　　B. 首曲线　　C. 计曲线　　D. 高程注记

2. 在比例尺为 1∶2000、等高距为 2m 的地形图上，如果按照指定坡度 $i=5\%$，从坡脚 A 到坡顶 B 来选择路线，其通过相邻等高线时在图上的长度为(　　)。

A. 10mm　　B. 20mm　　C. 25mm　　D. 30mm

3. 两不同高程的点，其坡度应为两点(　　)之比，再乘以 100%。

A. 高差与其平距　　B. 高差与其斜距

C. 平距与其斜距　　D. 斜距与其高差

4. 在一张图纸上等高距不变时，等高线平距与地面坡度的关系是(　　)。

A. 平距大则坡度小　　B. 平距大则坡度大

C. 平距大则坡度不变　　D. 平距值等于坡度值

5. 地形测量中，若比例尺精度为 b，测图比例尺为 $1:M$，则比例尺精度与测图比例尺大小的关系为(　　)。

A. b 与 M 无关　　B. b 与 M 相等

C. b 与 M 成反比　　D. b 与 M 成正比

6. 在地形图上表示的方法是用(　　)。

A. 比例符号、非比例符号、半比例符号和注记

B. 山脊、山谷、山顶、山脚

C. 计曲线、首曲线、间曲线，助曲线

D. 地物符号和地貌符号

7. 若地形点在图上的最大距离不能超过 3cm，对于比例尺为 1/500 的地形图，相应地形点在实地的最大距离应为(　　)。

A. 15m　　B. 20m　　C. 30m　　D. 35m

三、简答题

1. 何谓地形图、地形图比例尺、地形图比例尺精度？
2. 何谓等高线？等高线有哪些特性？
3. 何谓数字化测图？它有哪些特点？
4. 经纬仪测图法的过程是什么？

四、计算题

1. 根据表 4-11 中的观测数据，算出碎部点的水平距离和高程。已知竖直角计算公式为：$\alpha=90°-L$，测站高程 $H_B=44.78\text{m}$，仪器高 $i=1.50\text{m}$，水平距离及高程计算至分米和厘米。

表 3-11

测站	测点	视距读数			竖盘读数 (° ′)
		下丝	上丝	中丝	
B	1	0.902	0.766	0.830	84 32
	2	2.165	0.555	1.360	86 13
	3	2.871	1.128	2.000	93 45
	4	2.221	0.780	1.500	92 18

项目综合训练

以小组为单位，测绘比例尺为 1∶1000 的某区域地形图。在已测定的图根控制点上进行碎部测量，采用经纬仪测绘法进行地物和地形特征点的测定，并依测图比例尺和地图图式符号进行整饰，最后上交小组的地形图。

1. 仪器准备：每组在仪器室借领 DJ_6 经纬仪 1 台、平板仪 1 台、量角器 1 个、塔尺 2 根、记录板 1 块、地形记录表格。

2. 每个小组平均由 5 名同学组成，其中立尺员 2 名、记录员 1 名、观测员 1 名，每个同学可观测一个测站，采取轮换制，最终以小组的地形图质量作为评价标准。

主要参考文献

[1]赵文亮．地形测量．郑州：黄河水利出版社，2005.
[2]吴立军．测量学．郑州：黄河水利出版社，2006.
[3]李仕东．工程测量．北京：人民交通出版社，2006.
[4]金仲秋，马真安．工程测量．北京：人民交通出版社，2007.
[5]马真安．测量技术．北京：人民交通出版社，2009.